新工科建设之路·机器人技术与应用系列
应用型人才创新能力培养

智能机器人系统控制技术

王志东　毕　盛　王　伟
[美]张启毅　陈江城　宋金华　编著

AI

电子工业出版社
Publishing House of Electronics Industry
北京·BEIJING

内 容 简 介

本书以车臂一体机器人为例介绍智能机器人系统控制技术，内容包括机器人概述、机器人结构设计、机器人运动学、机器人动力学、机器人轨迹规划、机器人控制、机器人控制决策硬件系统、机器人软件系统、机器人低层传感器系统、机器人高层传感器系统以及多机器人系统。

本书提供机器人开发实例配套的相关资源及电子教案，读者可在华信教育资源网（https://www.hxedu.com.cn）下载。

本书可作为高等院校机器人、自动控制、计算机、机械工程和电气工程等相关专业机器人控制课程的教材，也可供机器人控制工程技术人员参考。

版权贸易合同登记号　图字：01-2024-6141

图书在版编目（CIP）数据

智能机器人系统控制技术 / 王志东等编著. -- 北京：
电子工业出版社，2024. 12. -- ISBN 978-7-121-49327
-0

Ⅰ. TP242.6

中国国家版本馆 CIP 数据核字第 2024CW1211 号

责任编辑：张　鑫
印　　刷：涿州市京南印刷厂
装　　订：涿州市京南印刷厂
出版发行：电子工业出版社
　　　　　北京市海淀区万寿路 173 信箱　　　邮编：100036
开　　本：787×1092　1/16　印张：12.75　　　字数：326.4 千字
版　　次：2024 年 12 月第 1 版
印　　次：2024 年 12 月第 1 次印刷
定　　价：49.00 元

凡所购买电子工业出版社图书有缺损问题，请向购买书店调换。若书店售缺，请与本社发行部联系，联系及邮购电话：(010)88254888，88258888。

质量投诉请发邮件至 zlts@phei.com.cn，盗版侵权举报请发邮件至 dbqq@phei.com.cn。

本书咨询联系方式：(010)88254629，zhangx@phei.com.cn。

前　言

　　智能机器人在控制自身稳定性、实现软硬件系统结构以及与外部环境的智能交互中，通常依赖如下关键要素：①通过数学模型预测和调节机器人的行为，确保其运动的稳定性；②采用分层的软硬件系统结构，以有效管理和处理复杂的任务；③使用传感器系统感知周围环境，并通过自主智能做出决策。机器人为了实现智能控制功能，除考虑一系列智能算法外，还需要考虑自身的稳定控制模型和软硬件系统结构，只有把这三个方面结合起来才能很好地实现智能控制功能。因此，本书从这三个方面出发说明智能机器人系统控制技术的开发过程，使读者从一个完整的视角学习机器人的智能控制技术。

　　本书的具体内容如下。

　　（1）机器人自身稳定控制方法。主要包括机器人结构、机器人运动学、机器人动力学、机器人轨迹生成和机器人控制的内容，涉及第 2 章到第 6 章。

　　（2）智能机器人软硬件系统结构。主要介绍机器人处理程序的多芯片硬件体系结构，包括处理控制的下层微控制器平台和处理决策及算法的上层微处理器平台，还结合 ROS 2 机器人软件框架展开说明机器人的软件体系，涉及第 7 章和第 8 章。

　　（3）智能机器人传感器系统及智能处理方法。主要介绍高层传感器系统，包括常用于智能处理的激光和视觉传感器，并在此过程中引入对机器人建图、定位、导航和避障等智能操作方法的讲解，涉及第 9 章和第 10 章。

　　本书采用的实例是一个真实的车臂一体机器人。其中，车体采用全向移动平台，机械臂为三自由度机械臂。以此车臂一体机器人设计出一系列小案例，方便读者从机器人自身稳定控制模型、软硬件系统结构以及与外部环境的智能交互过程中完整地学习一个智能机器人在实现控制和智能操作方面的知识。本书最后介绍多机器人系统，即车体和机械臂的协调操作，使读者了解多机器人系统的协调处理方法。

　　本书可作为高等院校机器人、自动控制、计算机、机械工程和电气工程等相关专业机器人控制课程的教材，也可供机器人控制工程技术人员参考。

　　本书由王志东、毕盛、王伟、张启毅、陈江城、宋金华共同编著。在撰写过程中，特别感谢香港大学席宁教授和美国得克萨斯州立大学陈和平教授提供了指导思路。同时感谢深圳市智能机器人研究院及工程师黄佳亮、李桥康、都晓锋、张家维、俞明思和崔球远等制作了书中的车臂一体机器人本体；感谢香港大学盛永佶、叶家杰同学和华南理工大学沈煜、赖酉城、郑泽森同学提供的帮助。

　　由于编者水平有限，书中难免存在表达欠妥之处，敬请广大读者朋友和专家学者能够提出宝贵的意见和建议。

编　者

2024 年 8 月

目　录

第 **1** 章

机器人概述

1.1 机器人的历史及发展

机器人是一种能够通过编程执行自动化任务的机电系统，具备感知、处理信息、控制动作、执行动作等能力。机器人可以自主或半自主地完成各种任务，代替或辅助人类在工业、医疗、服务、农业、军事等多个领域工作。其中的感知能力是指通过传感器（如摄像头、雷达、麦克风等）感知外部环境，包括光、温度、距离、声音等信息。处理信息能力是指机器人通过控制系统（如微处理器或嵌入式计算机）处理传感器收集的信息，应用预定程序或人工智能算法进行决策。控制动作能力是指基于微处理器或嵌入式计算机的控制单元，根据感知系统收集的信息和预设的指令或算法，决定机器人的动作。执行动作能力是指机器人具备执行任务的能力，通过机械臂、轮子和驱动器等执行器完成移动、抓取、焊接、组装等动作。

早在古希腊和古埃及，当时的发明家就已经设计出简单的机械装置，如希腊工程师希罗发明的自动喷水机和"喝水的鸟"等。文艺复兴时期，莱昂纳多·达·芬奇设计了多个机械装置，包括类似于机器人的自动骑士。我国很早也有类似记载，《墨子·鲁问篇》中有这样的记载："公输子削竹木以为鹊，成而飞之，三日不下。"就是说鲁班制作的木鸟能乘借风力飞上高空，三天不降落。可见中国古代已经出现了机器人的雏形。

"机器人"（robot）一词最早出现于 1920 年捷克作家卡雷尔·恰佩克的科幻剧本，来源于捷克语"robota"，意为劳工或奴隶。1954 年，美国发明家乔治·德沃尔（George Devol）发明了一个可编程的机器人，并称之为"Unimate"。它是一种用于制造业的自动化机械手臂，于 1959 年投入使用，标志着现代工业机器人的诞生。随着美国通用汽车等公司引入机器人技术实现生产线自动化，机器人逐渐成为制造业中不可或缺的工具。Unimate 机器人在汽车制造过程中完成了焊接、搬运等工作，大大提高了生产效率。

机器人的发展开始于 20 世纪中期，并依托计算机、自动化及原子能的快速发展而得到了长足的发展。从技术层面来看，机器人的发展经历了如下几个阶段。

1. 程序控制机器人（第一代机器人）

程序控制机器人完全按照事先装入机器人存储器中的程序安排的步骤完成工作。程序的生成及导入有两种方式。第一种是由人根据工作流程编制程序并将其输入机器人存储器中。第二种是"示教-再现"方式，"示教"是指在机器人第一次执行任务之前，由人引导机器人执行操作，即人教机器人做应做的工作，机器人将所有动作一步步地记录下来，并将每一步均表示为一条指令；示教结束后，机器人通过执行这些指令以同样的方式和步骤完成同样的工作（再现）。如果任务或环境发生了变化，则需要重新进行程序设计。程序控制机器人能成功地模拟人的运动功能，从事安装、搬运、包装和机械加工等工作。目前国际上商品化、实用化的机器人大都属于程序控制机器人。程序控制机器人的最大缺点是只能刻板地完成程序规定的动作，不能适应变化的情况，一旦环境情况略有变化（如装配线上的物品略倾斜），就会出现问题。更糟糕的是，它没有感觉功能，可能会对现场的工作人员造成危害。

2．自适应机器人（第二代机器人）

自适应机器人的主要标志是自身配备相应的感觉传感器，如视觉传感器、触觉传感器和听觉传感器等，人们用计算机对其进行控制。自适应机器人通过传感器获取作业环境、操作对象的简单信息，然后由计算机对获得的信息进行分析、处理并控制机器人的动作。因它能随着环境的变化而改变自己的行为，故称为自适应机器人。目前，自适应机器人也已进入商品化阶段，主要从事焊接、装配、搬运等工作。自适应机器人虽然具有一些初级的智能，但还没有达到完全"自治"的程度，有时也称为手眼协调型机器人。

3．智能机器人（第三代机器人）

智能机器人具有类似人的智能，即它具有感知和认知环境的能力，配备视觉、听觉和触觉等感觉"器官"，能从外部环境获取有关信息，具有思维能力，能对感知到的信息进行处理，以控制自己的行为，具有作用于环境的行为能力，能通过传动机构使自己的"手""脚"等肢体行动起来，正确、灵巧地执行思维机构下达的命令。智能机器人能够处理比传统机器人更为复杂的任务，能够在动态和多变的环境中完成具有挑战性的工作。同时，智能机器人不局限于执行某一特定任务，具备灵活的功能拓展能力。例如，同一个智能机器人可以在不同场景下被编程为执行不同任务，如物流配送、监控巡逻等。智能机器人具有以下特点。

（1）自主性

智能机器人不依赖人类的直接干预，能够自主感知环境、分析数据并做出决策，自主规划路径、避障、完成任务。智能机器人能在不确定和复杂的环境中工作，能根据环境的变化调整自身行为，不仅能完成预设任务，还能在任务执行过程中根据新的信息调整任务顺序或方式。

（2）感知能力

智能机器人集成了多种传感器（如摄像头、激光雷达、超声波传感器、触觉传感器等），可以"看""听""感觉"，对周围环境进行多层次感知，获取周围环境的全面信息。这种能力使机器人能够准确识别物体、判断距离、感知温度等。智能机器人不仅仅简单地接收传感器数据，通过 AI 算法处理和理解这些信息，还具备高级的感知-理解-反应能力。例如，配送机器人能够识别障碍物，选择最佳路径绕行。

（3）学习能力

智能机器人通过集成机器学习算法，能够从过去的经验中学习，优化自身行为；采用大数据训练、深度学习等技术，不断改进任务执行效率。例如，仓储机器人可以通过多次任务优化路径规划，减少执行时间。相比传统机器人，智能机器人具备更强的适应性，能够根据环境的变化学习新的技能，并在不同环境中调整任务策略。例如，智能机器人可以通过学习应对新的工厂布局或复杂的任务需求。

（4）决策与推理能力

智能机器人集成 AI 算法，具备高级的推理能力，能够在多种输入条件下进行智能决策。例如，在处理多种变量和可能性时，选择最佳解决方案。这种推理能力广泛应用于自主驾驶、复杂生产任务和医疗辅助等领域。智能机器人还能在动态环境中根据实时数据做出决策，如在无人驾驶汽车的应用中，使用传感器实时接收路况信息并动态调整行驶策略。

（5）人机交互和协作

智能机器人支持语音、视觉、触控等多种交互方式，用户可以通过对话、手势甚至表情与智能机器人互动，智能机器人能够根据不同输入做出多样化的响应。智能机器人能够与人类共同工作，尤其是在工业场景中，协作机器人（Cobots）能够与人类在同一空间内安全合作，即采用传感器与 AI 技术，实时感知人类的动作并做出相应调整，以确保安全高效的协作。

（6）多机器人群体智能

智能机器人不仅能单独工作，还能在机器人集群中协同完成任务。群体机器人技术使多个机器人共同执行复杂任务。

总之，机器人的智能化是机器人技术未来发展的主要方向，但是机器人的智能操作离不开自身的稳定控制，因此在实现机器人智能控制之前，需要研究和实现机器人自身的稳定控制，这就需要从机器人本体的运动学和动力学出发，在保证机器人自身稳定控制的前提下，实现针对外部环境有效的智能操作。

1.2　常见的机器人类型

机器人可以按照不同的标准分类，具体如下所述。

1.2.1　按应用领域分类

1. 工业机器人

工业机器人的发展始于 20 世纪中期，是为了满足大批量产品制造的迫切需求。伴随着相关自动化技术的发展，伺服电机、减速器等关键零部件为工业机器人的开发打下了坚实的基础。工业机器人作为高端制造装备的重要组成部分，技术附加值高，应用范围广，是我国先进制造业的重要支撑技术和信息化社会的重要生产装备，对未来生产和社会发展及增强军事国防实力都具有十分重要的意义。

机器人替代人工生产是未来制造业重要的发展趋势，是实现智能制造的基础，也是未来实现工业自动化、数字化、智能化的保障，工业机器人将会成为智能制造中智能装备的代表。典型的工业机器人有多关节机器人，图 1.1 所示为一个六自由度多关节机器人。工业机器人还有SCARA、直角坐标机器人、并联机器人等。

图 1.1　六自由度多关节机器人

2．农业机器人

农业机器人是在农业领域执行各种自动化任务的机器人，通过减少人工劳动、提高生产效率、降低成本，帮助使用者精确地管理农作物和牲畜。农业机器人通常结合人工智能、计算机视觉、机械自动化等技术，能够在复杂的农业环境中工作。农业机器人是现代农业转型的重要推动力，未来随着人工智能、物联网、大数据等技术的发展，农业机器人将更加智能化和多功能化，进一步提高农业生产效率、减少环境影响，并应对全球粮食安全挑战。同时，农业机器人将逐渐融入精准农业，帮助使用者实时监控作物生长状况并做出科学的管理决策。

农业机器人的主要分类如下。

（1）采摘机器人

采摘机器人用于采摘水果、蔬菜等作物，自动化处理收获任务。采摘机器人通过视觉系统识别成熟的作物并进行精准采摘；能够工作在果园、温室等环境，代替人工采摘；可适应不同类型的果实，如西红柿、草莓、苹果等。

（2）除草机器人

除草机器人用于自动化除草，减少对化学除草剂的依赖。除草机器人通过机器视觉识别杂草，并机械性地将其铲除或割掉；可用于不同规模的农田，节省大量人力成本。有些除草机器人还配备激光系统，能够精准烧毁杂草而不伤害作物。

（3）植保机器人（喷药机器人）

植保机器人用于农业病虫害防治，自动喷洒农药、肥料等。植保机器人配备传感器和无人机技术，能够精确识别需要喷洒的区域，减少农药的过度使用，保护作物和环境。植保机器人可分为地面行走式和无人机式，分别适用于不同地形。

（4）无人农机

无人农机是用于耕作、播种、施肥、收割等多种农业作业的无人驾驶设备。无人农机配备 GPS 导航系统，能够精准完成大规模的农业作业；减少人工驾驶的疲劳感，能够全天候工作；可与其他智能农具配合，进一步提升农业效率。

3．服务机器人

服务机器人是帮助人类执行各种服务任务的机器人，通常在家庭、医疗、商业、教育等非工业环境中应用。与工业机器人不同，服务机器人以提高人们的生活质量、提高工作效率为主要目的。

服务机器人已经深入人们的日常生活和工作，从家庭清洁、医疗护理到物流配送、娱乐教育，服务机器人正逐步提高人们的生活质量和工作效率。随着人工智能、物联网和自动化技术的进步，服务机器人将变得越来越智能和多样化，未来的应用场景也将更加广泛。

服务机器人的主要分类如下。

（1）家庭服务机器人

家庭服务机器人帮助家庭用户完成日常生活中的各种任务，如清洁、护理、娱乐等，又分为以下几种。

清洁机器人：包括扫地机器人、擦窗机器人、自动吸尘器等，能够自动完成家居清洁任务。

陪护机器人：用于照顾老年人或残疾人，提供情感陪伴、健康监控等功能，协助简单的日常生活任务。

娱乐机器人：用于提供互动娱乐，如宠物机器人、社交机器人，能够与家庭成员互动。

（2）医疗服务机器人

医疗服务机器人辅助医护人员完成治疗、护理工作，或直接帮助患者恢复健康，主要用于医院、康复机构等医疗场所，又分为以下几种。

护理机器人：帮助病人移动、提供药物、监测健康状况，特别适合长时间住院的病人或老年人的护理。

康复机器人：通过物理治疗帮助患者进行运动康复，特别用于肢体功能恢复训练。

手术辅助机器人：如达芬奇手术机器人，帮助医生执行精细的外科手术。

远程医疗机器人：用于远程诊断和手术，医生通过机器人系统远程操作，适合为偏远地区提供医疗服务。

（3）公共服务机器人

公共服务机器人用于公共场所（如机场、车站、银行、酒店等）为人们提供导引、信息查询、客户服务等，又分为以下几种。

导览机器人：为用户提供导向和信息查询服务，如在博物馆、展览会中提供讲解和引导，如图 1.2 所示。

迎宾机器人：在酒店、商场等场所，负责迎接客人、办理入住或提供简单的咨询服务。

送餐机器人：用于餐饮服务业，自动将餐饮送到顾客的餐桌旁边。

商店机器人：帮助顾客查询商品、导购或办理自助结账。

金融服务机器人：在银行等金融机构提供业务咨询、业务办理等金融服务。

安全与巡逻机器人：用于公共场所或私人场所的安全监控和巡逻，减少人工巡逻的负担。

图 1.2　导览机器人

仓储与物流机器人：用于仓库自动化管理、商品分拣和配送，如自动导引车（AGV）和自主移动机器人（AMR）。

教育服务机器人：帮助学生学习、提高教育互动体验，用于培养学生的编程能力和动手能力，主要用于学校和培训机构。

4．军用机器人

军用机器人是在军事领域执行各种任务的机器人系统，广泛应用于侦察、排爆、战斗、运输等场景。军用机器人旨在提高战场上的作战效率、减少士兵伤亡并提高作战任务的成功率，包括：

军用空中机器人，具备远程操控或自主飞行能力，用于军事侦察、打击、补给等任务；

地面作战平台，具备自主或远程控制能力，用于危险任务、武器装备运载和士兵支援；

无人水下航行器，专用于海洋环境，特别是执行水下侦察、扫雷、探测和反潜任务；

侦察与监视机器人，用于收集情报、进行侦察任务，能够在复杂或危险的地形中监视和采集数据；

排爆机器人，专用于处理和拆除爆炸装置，能够通过远程操控进入危险区域，减少人工干预；

战斗机器人，具备自主作战或远程控制的作战能力，装载武器系统，执行攻击任务。

1.2.2 按运动形式分类

1. 移动机器人

根据移动方式、功能和环境适应性，移动机器人分为以下几种类型。

（1）轮式机器人

轮式机器人用轮子来移动，结构简单，易于控制，常用于平坦的地面。根据轮子的类型、数量及用途，轮式机器人可以分为以下几类。

差速驱动机器人：有两个驱动轮和一个或多个支撑轮。利用左右轮的差速控制方向，结构简单，成本较低。用于导航、服务、巡逻等简单任务，适合平坦地面的工作场景。

全向轮机器人：配备多方向轮子（如麦克纳姆轮或全向轮），可实现横向、斜向和原地旋转的全向移动，如图 1.3 所示。用于需要高灵活度的场景，如仓储机器人、导引机器人等，能够在狭小或复杂的环境中自由移动。

多轮驱动机器人：配备多个驱动轮，适用于更复杂的地形，通常具有较强的承载能力。用于工厂、室外场景等需要高载重能力和灵活操控的场合。

（2）履带机器人

履带机器人是一种利用履带来移动的机器人，具有强大的越障能力，能够适应各种复杂地形。相比轮式机器人，履带机器人适合在崎岖不平的地面、松软的土壤、雪地、泥泞环境中行驶，广泛用于搜救、军事、农业和工业等领域。

图 1.3　全向轮机器人

（3）足式机器人

足式机器人是一种通过足部（腿部）移动来实现行走、奔跑、攀爬等动作的机器人，其模仿生物的四肢或多足结构，能够在不平整或复杂地形上灵活移动。相比轮式或履带机器人，足式机器人具有更好的地形适应性和灵活性，在无法使用轮子或履带的地形上具有显著优势。通常用于研究、救援、探险、军事等领域，又分为以下几种。

双足机器人：模仿人类的行走方式，通常具备两条腿，能够行走、跑步、跳跃和爬楼梯。图 1.4 所示为一款双足仿人机器人。

四足机器人：模仿四足动物的运动方式，具有强大的越障能力和稳定性，能够应对多种复杂地形，常用于探险、搜救、巡逻等场景，具备极强的地形适应能力。

六足机器人：模仿昆虫的多足行走方式，具备极强的稳定性和冗余度（即使一条或两条腿受损也可继续行走），适用于科研、探测等任务，尤其是在极端地形中表现出色。

多足机器人：具有更多足部的机器人，通常模仿昆虫、海洋生物等，适用于特殊场景的移动与操作任务，主要用于极端地形的探测、攀爬等任务。

（4）球形机器人

球形机器人是近二十年才出现的一种新型移动机器人。球形机器人一般拥有全封闭球形外壳，球壳内部包含控制系统、动力系统、运动执行装置、传感器等，通过质心偏移、动量守恒等原理实现运动。与传统移动机器人相比，球形机器人具有良好的密封性，平衡性强且运动灵活，而且可以像倒立摆一样不存在侧翻问题。因此，球形机器人在星球探索、危险环境探测、管道内部探测等领域具有显著优势和广泛应用前景，如图 1.5 所示。

图 1.4　双足仿人机器人　　　　　　　图 1.5　球形机器人

（5）飞行机器人

飞行机器人通过旋翼或固定翼飞行，自主或半自主完成空中任务。飞行机器人能够快速移动，适合大范围的监控、配送、勘测等任务，可用于物品快速递送，如配送包裹、药品等，也可用于空中监控、救援任务、环境勘测。

（6）水下机器人

水下机器人是在水下或海洋环境中移动的机器人，通常用于勘探、维修、研究等工作，可用于深海勘测、海洋生态监测、矿产资源勘探，也可用于检查和维修海上平台、船只的底部，水下施工等任务。

2. 非移动机器人

非移动机器人是固定在一个位置无法自行移动的机器人，通常专注于执行特定的任务，而不需要在工作环境中移动。非移动机器人广泛应用于工业制造、医疗手术、服务行业等领域，依赖机械臂、传感器和控制系统完成精确的任务操作。例如，在生产线上的工业机械臂，由多个关节组成，通常安装在工业生产线上的固定位置，完成自动化生产任务。

1.3　智能机器人相关技术

1.3.1　机器人结构

智能机器人的硬件具有一定结构，主要包括以下几部分。

机身框架：机器人结构的核心，提供支撑和保护功能。框架材料通常采用轻质且高强度的材料，如铝合金、碳纤维或钛合金，以保证机器人在承受外力时保持稳定。

关节与连杆：机器人通常由多个关节和连杆组成，每个关节均可以旋转或平移。关节和连杆决定机器人的自由度，并且影响机器人的运动能力。

执行器：机器人与环境互动的部分。根据任务需求，执行器可以是机械手（用于抓取）、工具（如焊接头）、传感器或其他特定装置。执行器的设计通常与机器人执行任务的具体应用密切相关。

1.3.2　机器人运动学

机器人运动学是研究机器人如何运动的科学，主要涉及机器人关节和连杆的位移、速度和加速度之间的关系。主要包括如下内容。

（1）正运动学计算的是已知机器人的关节参数（如角度或位移）时机器人末端执行器的位置和姿态。

（2）逆运动学的任务是根据末端执行器的目标位置和姿态，求出相应的关节参数。这是一个复杂的过程，因为多数情况下可能存在多组解或解不存在。

（3）雅可比矩阵是描述机器人关节速度和末端执行器速度之间关系的矩阵。它是运动学分析中的重要工具，用于分析机器人运动的速度和力。

（4）运动学约束，包括两方面内容。

几何约束：如连杆长度和关节的旋转范围，这些物理限制影响机器人可能到达的位置和姿态。

工作空间：末端执行器可以到达的所有位置的集合，通常由机器人的几何结构和关节范围决定。

（5）运动学冗余。当机器人具有比任务所需更多的自由度时，称为冗余机器人。冗余度使机器人可以采用多种方式完成同一个任务。

1.3.3　机器人动力学

机器人动力学是研究机器人在外力作用下的运动规律及关节力矩与加速度之间关系的学科。与运动学不同，动力学不仅考虑机器人的几何和运动特性，还考虑质量、惯性和外力等物理量。

机器人动力学的研究常采用牛顿-欧拉模型和拉格朗日模型等动力学基本模型。其中，牛顿-欧拉模型基于牛顿第二定律和欧拉角动力学方程，推导机器人连杆的线性、角加速度及所需的关节力矩和力，计算高效，适合实时控制。拉格朗日模型通过构建拉格朗日函数（系统的动能和势能之差）并应用拉格朗日方程推导动力学方程，在处理多自由度系统时更加直观，特别适合复杂系统的动力学建模。

常见的动力学问题包括以下几种。

（1）轨迹跟踪控制：根据逆动力学求解得到的关节力矩控制信号，使机器人末端执行器沿着预定轨迹移动。

（2）动态平衡：通过控制重心和支持面之间的相互作用来实现，尤其在仿人机器人和移动机器人的应用中。

（3）碰撞检测与响应：动力学方程用于模拟机器人与环境之间的碰撞，进而计算响应力和接触力矩。

1.3.4　机器人轨迹规划

机器人轨迹规划是指为机器人设计和计算从起点到终点的移动路径，使其能够以安全、高效和稳定的方式完成任务。轨迹规划在工业机器人、服务机器人和移动机器人等多种应用中都有重要作用。

轨迹和路径的区别在于，路径是指机器人在空间中从起点到终点的一系列位置点，不考虑时间。轨迹包含路径上的每个位置点及到达这些点的时间，体现机器人在路径上移动的时间演化。轨迹通常要求具有一定的平滑性和连续性，以避免机器人运动中的突变，保障运动的平稳性和机械结构的安全性。

点到点轨迹规划是指，机器人从一个特定的起点移动到一个终点，通常无需精确控制路径的形状，常采用线性插值和三次样条插值等方法在两个位置点之间生成平滑的运动轨迹。

连续路径轨迹生成是指，机器人沿着一个连续的路径移动，轨迹要求在路径的每个点上具有准确的位置、速度和加速度控制，常采用线性插值、多项式插值、B 样条曲线插值等方法生成连续光滑的轨迹。

1.3.5　机器人控制

机器人控制的方法是实现机器人精确运动、稳定操作及智能行为的关键。机器人控制根据机器人的类型、任务要求和环境条件有所不同，主要包括以下几种。

（1）位置控制：通过调整关节位置，确保机器人末端执行器达到目标位置，常用的控制方法有 PID 控制。

（2）力控制：在与环境接触的情况下控制力或力矩，应用于装配、打磨等任务。常用的方法有阻抗控制和混合控制。

（3）速度控制：控制机器人关节或末端执行器的速度，以实现平滑和精确的运动。

（4）模型预测控制（MPC）：通过在线求解优化问题实现对多输入/多输出系统的控制，处理约束条件。

机器人控制涵盖从建模、规划到执行的全流程，包括理论分析和实际应用。其中的每个环节都需要精确的设计和调试，以实现机器人的高效、精确和安全的控制。

1.3.6　机器人硬件系统

机器人硬件系统主要包括如下几部分。

驱动系统：负责将能量转换为机械运动。常见的驱动方式包括电动机（如直流电机、步进电机、伺服电机）驱动、液压驱动和气动驱动。电动机驱动因精度高、响应快而广泛应用于智能机器人。

控制系统：主要包括底层运动控制器，常采用单片机，用于处理的简单控制任务，为低功耗计算设备；高层处理控制器主要实现智能算法和决策方法，主要采用嵌入式处理器，如ARM Cortex-A 系列，用于处理更复杂的任务，包括传感器融合、运动控制和通信。

通信接口：用于控制器与传感器、驱动器之间的数据传输。

传感接口：用于读取传感器数据。

1.3.7　机器人软件系统

机器人软件系统是机器人控制与操作的核心，涵盖从底层驱动到高层应用的多个方面，主要包括机器人实时操作系统和机器人操作系统（ROS）。机器人实时操作系统是控制机器人硬件的低延迟、高确定性操作系统，适用于对实时性要求高的任务。用于确保控制任务能够在预定时间内执行，提供实时的任务优先级管理。

机器人操作系统是一种面向机器人的软件框架，也是广泛使用的机器人中间件，提供了通信、工具链和库支持，帮助开发复杂的机器人应用。ROS 使用节点（Node）和主题（Topic）进行模块化设计和消息传递，支持组件之间的松耦合和灵活通信。用于请求/响应通信模式和全局参数存储，帮助协调复杂任务。

1.3.8　机器人智能传感器系统

机器人智能传感器系统利用算法框架，如 SLAM 导航算法和视觉追踪算法等，结合机器人和外部环境交互的传感器，实现机器人的自主功能，如自主导航和自主抓取等。

其中用于收集环境信息的传感器如下。

视觉传感器：如摄像头、深度相机，用于识别和跟踪物体、识别场景。

激光传感器（LiDAR）：用于测量与物体的距离，创建环境的三维地图。

超声波传感器：用于测距和避障。

惯性测量单元（IMU）：用于测量机器人运动的加速度和角速度等。

1.4　习　　题

1．简述机器人的定义。

2．简述机器人的发展。

3．简述机器人的种类及特点。

4．简述机器人相关技术。

第 2 章
机器人结构设计

机器人主要包括机身框架、关节、连杆、减速器及传动系统、驱动系统及执行器等结构，决定了机器人的形态、运动能力和应用场景。

2.1　机器人结构

2.1.1　机身框架

1. 机器人机身框架

机器人机身框架是机器人的基础结构，提供支撑、保护并连接各个组件，使机器人能够稳定运行并执行各种任务。

机身框架结构类型包括以下三种。①骨架式框架，由多个杆件、连接件组成，类似于动物的骨骼结构，具有较高的强度和灵活性，常用于仿生机器人。②整体式框架，由一个或多个大部件组成，通常用于小型或专用机器人，设计简洁，易于维护。③模块化框架，由多个独立模块组成，便于快速组装、拆卸和扩展，适合多功能机器人。

机身框架材料包括以下三种。①金属，如铝合金、不锈钢，具有高强度、耐久性，但较重，适用于工业机器人。②复合材料，如碳纤维、玻璃纤维，轻质、高强度，适用于移动机器人或飞行器。③塑料，如 ABS、聚碳酸酯，轻便、易成型，常用于家用或娱乐机器人。

2. 机器人骨架

机器人机身框架中的骨架是机器人内部的支撑结构，由金属（如铝合金、不锈钢）或高强度塑料（如碳纤维）制成，具有高强度和稳定性。骨架是机器人所有部件的承载基础，支撑传感器、执行器、电源等。骨架通过关节和连接件，将不同部件组合在一起，使机器人能够完成复杂的运动。骨架决定机器人的整体形状和尺寸，影响其功能和操作环境的适应性。骨架的结构形式主要有以下三种。①三维空间框架，由多个杆件组成，形成一个三维结构，具有高刚性和强度，适用于大型或重型机器人。由三角形单元组成，具有高度稳定的结构，适合承载较大负荷。②板式框架，由多个平面板组成，简单且易于加工，适用于小型机器人或底盘设计。采用轻量化设计，内部可具有蜂窝状结构，提供强度的同时可以减轻重量。③模块化骨架，由标准化的模块组成，可以根据需要自由组合和扩展，适用于多功能机器人。设计成可调整和重构的结构，可以满足不同任务需求。

骨架的优化设计应考虑以下三点。①轻量化，通过材料选择和结构优化，减轻骨架重量，提高机器人性能。具体方法：拓扑优化，使用计算机仿真优化骨架形状，保留必要的强度并去除多余材料；有限元分析（FEA），模拟骨架在不同载荷下的应力和变形，优化结构设计。②高刚性与稳定性。具体方法：加强筋设计，在骨架薄弱部位添加加强筋，增强结构刚性；重心优化，设计时考虑重心位置，以提高机器人的稳定性和运动性能。③模块化与可维护性。具体方法：模块化组件，组件由可拆卸的模块组成，方便维护和更换；标准化接口，便于快速安装或更换部件。

骨架的制造工艺包括以下内容。①CNC 加工，用于高精度金属和复合材料的骨架加工，确保部件的尺寸精度和表面质量。②激光切割，用于平面板材的切割，快速且精确，适合小批量定制。③3D 打印，适用于复杂形状的塑料或金属部件，特别是在原型设计和小批量生产中使用。④焊接与组装，金属骨架通常利用焊接连接，复合材料和塑料的骨架则可能使用螺钉、铆钉或胶水连接。

骨架在不同类型机器人中的设计经验：工业机器人的骨架设计以高强度、高刚性为主，能够承载大量负荷并保持精度，常采用铝合金或钢材；服务机器人的骨架设计强调轻量化和外观，适合家庭或公共场所，常采用塑料或复合材料；仿生机器人的骨架模仿生物体的骨骼，具有较强的灵活性和适应性，常采用碳纤维或复合材料；移动机器人的骨架设计需平衡重量、强度和灵活性，以适应多种地形和环境，材料选择以轻量化和耐用性为主。

机器人骨架的设计和制造是整个机器人系统的基础，其性能和质量直接影响机器人的整体性能、可靠性和应用效果。不同应用场景对骨架的需求也各不相同，设计时需要综合考虑各种因素。

3．机器人外壳及防护等级

机器人外壳是机器人的重要组成部分，主要作用是保护内部元件，提升外观美感，并为机器人提供一定的防护能力。

外壳制造工艺主要包括以下内容。①注塑成型，常用于塑料外壳的制造，适合大批量生产，成本低，生产效率高。②CNC 加工，适用于金属外壳或复合材料外壳的高精度加工，特别是对外观和精度有高要求的部件。③3D 打印，用于原型开发或小批量生产，适用于复杂形状的外壳设计。④冲压与拉伸，用于金属外壳的批量生产，适合薄壁金属材料的成型。⑤表面处理，包括喷涂，为外壳上色并增加保护层，提升美观和耐用性，同时增加颜色选择；阳极氧化，用于铝合金外壳，提高表面硬度和耐腐蚀性；镀膜，增加外壳的防护性能，如防刮、防指纹或增加抗紫外线能力。

机器人外壳的主要功能如下。①保护内部元件。其中，物理保护是指通过外壳保护机器人内部的电子元件、机械结构和传感器免受外界的物理损伤，如碰撞、冲击、振动等；外部环境保护是指防止灰尘、水分、化学物质等外部环境因素对内部元件的侵蚀，尤其是指在恶劣环境中作业的机器人。②辅助支撑。外壳不仅是保护层，还可以作为机器人骨架的补充，提供额外的结构支撑，增加整体刚性。③集成。外壳可以集成传感器、显示屏、控制面板等部件，使其成为机器人整体设计的一部分。④视觉效果与品牌形象。外壳的设计直接影响其视觉效果和给用户留下的第一印象，一个精致、美观的外壳设计可以增强用户体验。通过独特的外壳设计和颜色搭配，外壳可以起到品牌识别的作用，提升产品的市场竞争力。⑤安全性。外壳的设计需考虑用户的安全，避免出现尖锐的边角或暴露的运动部件，防止用户在接触机器人时受到伤害。在工业或高电压环境下工作的机器人，外壳还需具备绝缘性能，以防止出现电击事故。

防护等级（Ingress Protection，IP）是用来衡量设备外壳对外界物质的防护能力的标准。这一标准由国际电工委员会（IEC）定义，被广泛应用于电子、电气和机械设备中，包括机器人。它通常由两个数字组成，第一个数字表示对固体的防护等级，第二个数字表示对液体（主要是水）的防护等级。

第一个数字说明如下。

0：无防护。

1：防止大于 50 毫米的固体进入，如手掌。

2：防止大于 12.5 毫米的固体进入，如手指。

3：防止大于 2.5 毫米的固体进入，如工具、粗糙的线材。

4：防止大于 1 毫米的固体进入，如细小的线材或螺丝。

5：防止灰尘进入，足够防护但不能完全防止灰尘进入。

6：完全防止灰尘进入，密封性最高。

第二个数字说明如下。

0：无防护。

1：防止垂直滴水。

2：防止垂直滴水，当外壳倾斜 15°时无有害影响。

3：防止喷洒的水，防止 60°角范围内的水喷洒。

4：防止各个方向的飞溅水，防水喷溅。

5：防止各个方向的喷水。

6：防止强烈的喷水，适用于暴露在海浪或强力喷水的设备。

7：防止短时间浸入水中（通常深度不超过 1 米）。

8：防止长时间浸入水中，适用于持续水下作业的设备，通常深度超过 1 米。

9K：防止高压和高温水柱，通常用于需要高压清洗的工业设备。

举例如下。

IP20：基本防护等级，防止大尺寸固体（如手指）进入，无防水功能。适用于一般室内设备。

IP44：防止大于 1 毫米的固体进入，防止各个方向的飞溅水。适用于室内外较为湿润的环境，如浴室或厨房。

IP54：防止灰尘进入，防止各个方向的喷水。适用于户外设备或工业环境中暴露于灰尘和喷洒水的设备。

IP65：完全防止灰尘进入，防止各个方向的喷水。常用于室外设备，如路灯或工业控制箱。

IP67：完全防止灰尘进入，能承受短时间的浸水（深度最多 1 米）。适用于暴露在恶劣环境中的设备，如潜水摄像机或水下传感器。

IP68：完全防止灰尘进入，适合长期浸水环境。常用于深水作业设备，如潜水灯具或深海探测器。

IP69K：最高级别防护，防止高压高温水柱，常用于需要严苛清洗条件的设备，如食品加工机械或高压清洗机器人。

针对机器人的防护等级如下：

工业机器人：通常使用 IP54 及以上的防护等级，尤其是在多尘、潮湿或有可能被水喷溅的环境中。例如，IP67 的工业机器人可以在潮湿或偶尔被水淋的环境中工作，这些不影响其内部电子元件的正常运行。

移动机器人：如服务机器人或户外作业机器人，需要考虑可能遇到的灰尘、雨水和泥土等情况，通常采用 IP65 或 IP66 防护等级，以确保在户外使用时的可靠性。

医疗机器人：在需要严格消毒和清洗的环境中，医疗机器人可能需要 IP67 甚至 IP69K 的防护等级，确保在高压蒸汽或消毒液下依然安全可靠。

水下机器人：如 ROV（遥控水下机器人）和 AUV（自主水下机器人），通常需要 IP68 防护等级，以保证在水下深处长时间工作时的稳定性。

产品制造商通常需要通过特定的测试程序来确定设备的防护等级。这些测试包括灰尘测试、水喷溅测试、浸水测试等，以确保产品符合所标识的防护等级。防护等级在确保机器人设备的可靠性和耐用性方面至关重要。合适的防护等级不仅能延长设备寿命，还能提高其在特定环境中的工作性能和安全性。

2.1.2 机器人关节

机器人关节是机器人的关键组成部分，负责实现机器人各个部件的相对运动，从而完成各种复杂的动作和任务。关节的设计和性能直接影响机器人的灵活性、精度、稳定性。

1．机器人关节的功能

① 提供运动自由度。关节使得机器人能够在多维空间内移动，每个关节通常提供一个自由度（DoF），可以是旋转或平移。

② 传递动力。关节连接机器人各个运动部件，通过驱动装置（如电机）将动力传递给末端执行器。

③ 控制运动路径。关节的位置和角度决定机器人的运动路径和姿态控制。

④ 吸收振动和冲击。有些关节设计还具有吸收振动和冲击的功能，确保运动的平稳性和精度。

2．机器人关节的类型

（1）按运动形式分类

① 旋转关节（Revolute Joint，R-关节）。旋转关节允许两个连杆绕一个固定轴旋转，常见于机械臂，广泛应用于工业机器人、服务机器人、医疗机器人等。

② 线性关节（Prismatic Joint，P-关节）。线性关节允许两个连杆沿着一条直线滑动，常见于直线运动的执行器，应用于需要直线运动的场合，如 XYZ 定位平台。

③ 球形关节（Spherical Joint，S-关节）。球形关节提供三个旋转自由度，类似于人类肩关节，应用于仿人机器人或需要复杂姿态控制的机器人。

④ 圆柱关节（Cylindrical Joint，C-关节）。圆柱关节允许两个连杆沿一条直线移动，并绕这条直线旋转，应用于需要同时进行线性和旋转运动的场合。

⑤　平面关节（Planar Joint，Pl-关节）。平面关节允许两个连杆在平面内有两个平移自由度和一个旋转自由度，应用于平面运动的机器人，如平面运动平台。

（2）按驱动方式分类

①　电动关节。使用电机作为驱动源，通过减速器等传动装置控制关节运动，精度高、响应快，广泛应用于工业机器人、服务机器人等。

②　液压关节。使用液压泵提供驱动力，适合高负载和大力矩的应用，多用于重型工业机器人、建筑机器人等。

③　气动关节。使用压缩空气驱动，结构简单，适用于轻型和快速运动的场合，多用于装配线上的轻型机械手或辅助机器人。

④　柔性关节。使用弹性材料或柔性机构作为驱动元件，能够吸收冲击并具有一定的柔顺性，常用于人机交互较多的机器人，如协作机器人或医疗康复机器人。

3．机器人关节的设计与制造

（1）机器人关节传动系统

①　齿轮传动，广泛应用于电动关节，具有高传动效率和精度。

②　带传动，应用于需要安静运行和一定弹性的场合。

③　丝杠传动，应用于线性运动关节，具有高精度和高刚性。

④　谐波减速器，应用于需要大减速比和高精度的场合，常见于机器人末端关节。

（2）机器人关节传感与控制

①　位置传感器，如编码器、角度传感器，用于精确测量关节的位置和角度。

②　力/扭矩传感器，用于检测关节承受的力和扭矩，特别是在协作机器人和安全关键应用中。

③　控制系统，包括伺服控制器、运动控制器，用于实现高精度的运动控制。

（3）机器人关节材料

①　金属材料，如铝合金、钛合金，用于需要高强度和耐用性的关节。

②　复合材料，如碳纤维，用于需要轻量化设计的关节。

③　柔性材料，如硅胶，用于需要柔性和安全性的关节。

4．机器人关节的特点

工业机器人关节的特点：多为串联结构，采用电动驱动，具备高精度和高负载能力，适合制造和加工场景。

协作机器人关节的特点：通常配备柔性关节和力传感器，确保安全性和柔性，适合人机协作场景。

仿人机器人关节的特点：采用多自由度的关节设计，如球形关节，模拟人体动作，适合复杂操作和人机互动。

医疗机器人关节的特点：强调精细控制和高精度，常用于外科手术和康复训练。

5．机器人关节的发展趋势

轻量化：使用新型材料并进行结构优化，减轻关节重量，提高机器人整体性能。

智能化：集成更多的传感器和智能控制算法，实现更强的自主性和灵活性。

模块化：开发标准化、模块化的关节，简化设计和生产，提高机器人系统的可重构性。

柔性关节：随着柔性材料和驱动技术的发展，柔性关节将得到更多应用，尤其是在协作机器人和仿生机器人领域。

机器人关节是实现机器人复杂运动的核心部件，随着技术的发展，其设计将变得更加精密、智能和多样化，进一步推动机器人技术的进步和应用扩展。

2.1.3 机器人连杆

机器人连杆是机器人的重要组成部分，它是连接机器人关节的结构元件，负责传递运动和力量，使机器人能够完成各种复杂的操作。连杆的设计和性能对机器人的运动精度、稳定性、灵活性有着重要影响。

1. 机器人连杆的功能

① 传递运动，连杆通过关节连接，将驱动力从一个关节传递到下一个关节或末端执行器，实现机器人整体的运动。

② 保持结构完整性，连杆在机器人结构中起着支撑和连接作用，确保各个关节和部件之间的稳定性和相对位置。

③ 承受负载，连杆承受来自外部的负载和内部的运动力矩，确保机器人在工作时的稳定性和抗扭性能。

2. 机器人连杆的分类

连杆按功能可分为主连杆和副连杆。其中，主连杆作为机器人的主要组成部分，负责传递大部分的力和运动，通常作为机器人的主要连接部位，如从基座到末端执行器的连杆。副连杆辅助主连杆的运动，通常用于调整和稳定主连杆的运动，常用于并联机器人，调节多个连杆之间的协调性。

连杆按形状可分为直连杆、曲连杆和 T 形连杆。其中，直连杆的形状为直线，最为常见，设计和制造较简单，广泛应用于各种工业机器人和服务机器人。曲连杆具有一定的弧度或曲线，能满足特定的运动轨迹需求，常用于需要复杂运动路径的机器人设计，如仿人机器人。T 形连杆呈 T 字形结构，通常用于特定的机械结构，以实现复杂的运动，适用于一些并联机构或特殊结构的机器人。

连杆按材料可分为金属连杆、复合材料连杆和塑料连杆。其中，金属连杆常用的材料包括钢、铝合金、钛合金等，具有高强度和高刚性，能够承受较大的负载和应力，广泛应用于工业机器人和需要高承载能力的机器人。复合材料连杆常用的材料包括碳纤维、玻璃纤维等，具有轻量化、高强度、耐腐蚀等优点，适用于需要轻量化设计的机器人，如航空航天领域的机器人。塑料连杆常用的材料包括聚乙烯、聚丙烯、尼龙等，重量轻、成本低，适合轻载和低成本的应用，多用于玩具机器人、教育机器人等。

3. 机器人连杆的设计与优化

① 连杆的长度和形状直接影响机器人的运动范围和精度。设计时需要根据机器人的工

作空间和任务需求确定合适的连杆尺寸和形状。

② 根据机器人工作的环境和要求，选择合适的材料确保连杆的强度、刚性和耐用性。

③ 连杆的重量对机器人的动态性能和能耗有显著影响。轻量化设计可以提高机器人的运动效率和灵活性。

④ 在设计连杆时，必须进行应力和应变分析，以确保连杆在工作时不会变形或断裂，尤其是在承受较大负载的情况下。

⑤ 连杆与关节的连接方式也需要精心设计，以确保连接处的强度和稳定性。常见的连接方式包括焊接、螺栓连接、卡扣连接等。

4．机器人连杆的特点

① 工业机械臂连杆，通常采用高强度的金属材料，如铝合金或钢，结构多为直线形连杆，确保在重载下的稳定性和高精度，广泛应用于焊接、喷涂、搬运等自动化生产线。

② 并联机器人，多个连杆并联工作，通常采用轻量化材料，以提高运动速度和精度，适用于高精度的装配、加工和医疗手术等场景。

③ 服务机器人，连杆设计强调轻量化和美观性，可能使用复合材料或塑料，用于家庭服务、商业服务等需要灵活操作的机器人。

④ 仿人机器人，连杆设计模拟人体骨骼的结构，通常使用轻质且高强度的材料，满足复杂的运动要求，应用于机器人研究、娱乐、康复等领域。

5．机器人连杆的发展趋势

① 轻量化设计，随着机器人在更多领域的应用，连杆的轻量化设计变得越来越重要。新材料和优化的结构设计将使机器人更高效、更节能。

② 智能材料应用，未来连杆可能会使用智能材料，如形状记忆合金或压电材料，使连杆具有自适应性或传感能力，进一步提高机器人的灵活性和智能化水平。

③ 模块化设计，连杆的模块化设计将使机器人更加易于组装和维护，并能够快速适应不同的任务需求。

机器人连杆是实现机器人运动的基础组件，其设计和优化直接影响机器人的性能和应用效果。随着技术的进步，连杆的材料、结构和功能将不断发展，为机器人技术的进一步发展提供支持。

2.1.4　减速器及传动系统

减速器及传动系统是机器人机械部分的重要组成部分，它们决定了机器人的运动精度、负载能力以及工作效率。

1．减速器

减速器是一种用于降低电机输出转速并增加输出扭矩的机械装置。由于电机通常在高转速下工作，而机器人的执行任务需要较低的转速和较高的扭矩，因此减速器是必不可少的。常见的机器人减速器类型如下。

谐波减速器：具有高减速比、高精度和紧凑的结构。它利用柔性轴和波发生器产生的弹性变形，实现齿轮的啮合和减速。谐波减速器常用于精密的机器人关节和高精度控制系统。

RV 减速器：具有高刚性、高精度和耐用性，采用行星齿轮和针轮的组合设计，用于承受大负载和频繁反转的工业机器人关节。

行星减速器：通过行星齿轮系实现减速，结构紧凑且能提供较大的减速比。广泛用于需要高精度和大扭矩的应用，如自动化设备、机器人和机械手臂等。

蜗轮蜗杆减速器：利用蜗轮与蜗杆之间的螺旋啮合实现减速，具有自锁功能，即在没有外力作用下可以保持位置稳定，常用于需要自锁功能的机械设备。

2. 传动系统

传动系统是将电机的动力传递到机器人关节或执行机构的装置。传动系统的性能直接影响机器人运动的平稳性、速度和精度。常见的传动系统如下。

齿轮传动：通过齿轮啮合传递动力，具有高效率和高承载能力，适用于需要高精度运动的机器人。

皮带传动：通过皮带与皮带轮的配合传递动力，具有结构简单、成本低和安装方便的优点，但精度和负载能力相对较低。

链条传动：通过链条与链轮的配合传递动力，适用于长距离传动和有较大负载的场合。

螺旋传动：常见于线性传动系统，如丝杠和滚珠丝杠，适用于需要高精度的直线运动场合。

3. 关键参数

在选择和设计机器人减速器及传动系统时，需要考虑以下关键参数。

减速比：决定输出速度和扭矩的关系。

背隙：输出端在反向转动时的间隙，背隙越小，系统精度越高。

刚性：影响系统的抗变形能力，刚性越高，运动控制越精确。

效率：影响能量损失，效率越高，能量利用越好。

噪声和振动：在设计时应考虑如何减少噪声和振动，以提高机器人的工作稳定性和舒适性。

减速器和传动系统广泛应用于各类机器人，包括工业机器人、服务机器人、特种机器人等。不同的应用场景对系统的精度、负载能力和工作寿命有不同的要求。这些机械组件的选择和设计直接关系机器人的整体性能。因此，在开发机器人时，工程师应综合考虑任务需求、成本、空间限制等因素来进行优化设计。

▶▶ 2.1.5　驱动系统及执行器

机器人的驱动系统及执行器是机器人实现各种动作和功能的核心部件。驱动系统负责提供运动的动力，而执行器则将这种动力转换为具体的机械动作。两者共同作用，使机器人能够执行任务。

1. 机器人驱动系统

驱动系统是机器人动力输出的源泉，它通过各种方式为机器人的运动提供动力。根据应用场景和机器人的需求，常见的驱动方式包括如下几种。

（1）电机驱动

直流电机（DC Motor）：具有良好的速度控制能力，响应速度快，广泛应用于移动机器人和工业机器人。

无刷直流电机（BLDC Motor）：相较于传统直流电机，无刷直流电机效率更高，寿命更长，维护需求更低，适用于需要高精度和高效能的应用。

步进电机（Stepper Motor）：能够精确控制转动角度，常用于需要精确定位的系统，如3D 打印机、CNC 机床和机械手臂。

伺服电机（Servo Motor）：结合了电机与控制器，提供精确的速度、位置和扭矩控制，是高精度运动控制应用中的核心组件。

（2）液压驱动

利用液压油的压力传递动力，适用于需要强大力量和高负载的场合，如大型工业机器人和建筑机器人。液压驱动系统的优势是能够提供巨大的输出扭矩和线性运动，但其复杂性和对液压油的维护要求较高。

（3）气动驱动

通过压缩空气驱动执行器，常用于轻型工业机器人和简单的自动化设备。气动系统的优势在于速度快、结构简单，但控制精度较低，通常用于不要求高精度的场合。

（4）线性驱动器

将旋转运动转化为直线运动的驱动器，常用于机器人中的直线运动部分，如推拉门、机械手臂的伸缩部分等。

2. 执行器

执行器是将驱动系统提供的动力转化为具体机械动作的装置，它直接决定了机器人的动作形式和功能。根据动作类型和应用场景，执行器可分为以下几类。

（1）旋转执行器

电动旋转执行器：通过电机驱动实现旋转运动，广泛用于关节型机器人、机械臂等。

液压旋转执行器：利用液压系统提供高扭矩，用于需要大扭矩的旋转运动。

（2）线性执行器

电动线性执行器：通过丝杠或皮带将旋转运动转化为线性运动，用于机械臂的伸缩、夹持器的开合等。

液压/气动线性执行器：利用液压或气动系统实现直线运动，用于高负载或快速运动的场合。

（3）柔性执行器

采用柔性材料和结构设计，能够模拟生物肌肉的柔性运动，用于需要复杂形状变化的场景，如柔性机器人、仿生机器人。

（4）组合执行器

组合多种驱动方式或执行器，实现复杂的多自由度运动，如双旋转关节、旋转与线性运动结合的机械手等。

3. 关键参数

在选择和设计驱动系统及执行器时，需要考虑以下关键参数。

功率和扭矩：决定驱动系统的输出能力，需根据机器人任务的要求选择合适的功率和扭矩。

速度和加速度：影响机器人运动的快慢和灵活性，需考虑执行任务时的速度需求。

精度和分辨率：决定机器人运动的准确性和控制的精细度，特别是在精密操作中，要求高精度的驱动和执行器。

尺寸和重量：影响机器人整体的设计和运动特性，特别是在空间受限或需要轻量化设计的情况下。

响应时间：影响驱动系统对控制指令的反应速度，特别是在动态环境中，响应时间至关重要。

效率和能耗：决定系统的能量利用率和运行成本，高效的驱动系统能够在长时间运行中节省大量能耗。

驱动系统和执行器在各类机器人应用中扮演关键角色。工业机器人用于制造和装配线，要求高精度、高速度、大负载的驱动系统和执行器。服务机器人用于家庭、医疗和服务业，通常要求安全性高、灵活性强的驱动系统和执行器。特种机器人用于救援、探测和军事用途，要求驱动系统具有高可靠性和耐用性，能够在恶劣环境下工作。仿生机器人模仿生物运动，采用柔性或智能执行器，以实现与自然界相似的运动方式。

随着机器人技术的发展，驱动系统和执行器在不断进步。其中智能驱动系统集成传感器和控制算法，使驱动系统能够实时感知环境并自适应调节，提升机器人运动的智能化程度。通过优化设计和新材料的应用，提高驱动系统的效率，减少能耗，延长续航时间。在便携式机器人和微型机器人中，微型驱动和执行器的应用越来越广泛。结合仿生学和柔性材料技术，开发出更接近生物运动的执行器，推动机器人在医疗和服务领域的应用。

驱动系统和执行器是机器人的核心部件，它们的性能直接影响机器人的功能和应用效果。工程师在设计时需要综合考虑各项参数和需求，以实现最佳的系统性能。

2.2　机器人结构类型

机器人的结构有多种类型，本书主要关注生产生活中常见的机械臂和移动机器人。

2.2.1　机械臂类型

机械臂是机器人领域常见的执行机构，广泛应用于制造、装配、焊接、喷涂、医疗和服务等领域。根据机械臂的结构、自由度、运动方式等特点，机械臂可以分为多种类型。

1. 关节型机械臂

关节型机械臂具有多个旋转关节，类似于人类的手臂。通常有 2～7 个自由度，每个关节可以绕一个轴旋转。多个关节的组合允许机械臂在三维空间中实现复杂的运动。关节型机械臂可以在狭小空间内进行复杂的运动和操作，适用于焊接、装配、喷涂、搬运等多种工业任务。一个三自由度关节机器人如图 2.1 所示。

2. SCARA 机械臂

SCARA 机械臂（如图 2.2 所示）通常具有三个旋转关节和一个线性关节，结构类似人的肩膀和肘部，适合平面操作。其特点是高刚性，尤其是在垂直方向具有较好的顺应性（Compliance）。SCARA 机械臂相对于关节型机械臂，结构和控制相对简单，适合高速装配、搬运和点胶等任务。

图 2.1　三自由度关节机器人

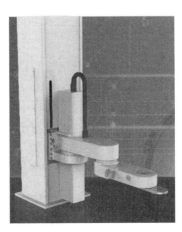

图 2.2　SCARA 机械臂

3．并联机械臂（Delta 机械臂）

Delta 机械臂（如图 2.3 所示）也称码垛机械臂，是一种并联机械臂，由多个平行的连杆机构组成，通常采用三角形结构，常用于高速、轻负载的操作任务。这种结构可以实现高加速度和高精度的运动，非常适合高速拾放、包装、分拣等任务，结构轻巧，占用空间小。但其工作范围有限，适用于较小范围内的操作。

图 2.3　Delta 机械臂

4. 笛卡儿机械臂

笛卡儿机械臂（如图 2.4 所示）采用直角坐标系的 X、Y、Z 轴运动，每个轴上具有独立的线性运动自由度，常见于直线型的操作任务。通常由三个直线滑轨组成，用于搬运、装配、切割等操作。适用于需要高精度的直线运动任务，如激光切割和 3D 打印，但只适合直线运动，无法完成复杂的旋转操作。

5. 协作机械臂

协作机械臂（如图 2.5 所示）与人类协同工作，通常具有轻量化设计和集成的安全系统，能够在感知到接触时自动停止。应用于制造业、组装线和服务行业等需要人机协作的场景。能够与人类安全共存，无需额外的安全围栏。

图 2.4　笛卡儿机械臂　　　　　　　　图 2.5　协作机械臂

2.2.2　移动机器人类型

移动机器人能够在不同环境中自主或半自主地移动，适用于多种任务，如巡逻、物流、服务等。其中，轮式机器人通过轮子移动，结构简单，控制容易，广泛用于物流搬运、室内清洁等，优点是速度快、效率高，但是适应复杂地形能力差。履带机器人通过履带在地面上移动，适合复杂地形，用于救援、侦察和军事行动，优点是越障能力强、稳定性好，但是速度较慢、能耗较高。

本书主要介绍轮式机器人，轮式机器人因其结构简单、移动速度快、控制相对容易而成为机器人领域的主流。根据轮子的配置、运动方式及其控制策略，轮式机器人可以分为以下几种类型。

1. 差动驱动机器人

两个独立驱动的轮子（主动轮）通常位于机器人的两侧，配合一个或多个自由旋转的被动轮（通常是尾轮或脚轮）。运动原理是通过独立控制两个主动轮的速度差来实现转向。若两轮同速反向旋转，机器人原地旋转；若两轮同速同向旋转，机器人直线前进；若一侧轮子转速更快，机器人则会朝另一侧转向。优点是结构简单，成本较低，适合平坦的地面环境。缺点是转向时需要较大的空间，转弯精度相对较低。应用多为室内导航机器人、清扫机器人和教育机器人等。一种差动驱动机器人如图 2.6 所示。

图 2.6　差动驱动机器人

2．三轮全向机器人

由三个轮子组成的机器人，每个轮子独立驱动且可以多向运动。轮子通常采用全向轮（Omni Wheel），即在主轴方向上有一系列小轮子。运动原理是全向轮允许机器人在任意方向上移动，而无需旋转机身。这种结构使机器人可以在狭小空间内自由移动。优点是灵活性高，能够实现平滑、复杂的运动轨迹，转向精度高。缺点是控制算法较为复杂，设计和制造成本相对较高。应用于服务机器人、医院配送机器人、需要高机动性的自动化设备。

3．麦克纳姆轮机器人

由四个麦克纳姆轮组成的机器人，每个轮子配备倾斜布置的小滚轮。小滚轮的倾斜角度使轮子可以在前后、左右甚至斜向上移动。运动原理是通过调整四个麦克纳姆轮的速度和方向，机器人可以实现全向移动，包括前进、后退、横移、斜移和原地旋转。优点是具有极高的灵活性和机动性，适用于复杂的移动路径规划。缺点是控制复杂度高，需要精密的控制算法和硬件支持，成本较高。应用于物流机器人、自动化仓储系统、工业自动化中的多功能移动平台。

4．阿克曼驱动机器人

其结构与汽车的转向结构相似，通常前轮负责转向，后轮负责驱动。转向时前轮会有不同的转向角度，以实现更稳定的转弯。运动原理是前轮转向和后轮驱动的组合使机器人能够像车辆一样稳定地转向和移动。转向时，内外侧轮的转向角度不同，以减少打滑。优点是更适合高速移动，转向稳定性好，转弯半径小。缺点是结构复杂，转向控制较为困难，适应性较差。应用于自动驾驶汽车、无人驾驶车辆、需要稳定高速运动的场景。

不同轮式机器人的设计和应用场景各不相同，具体选择哪种类型的轮式机器人取决于实际应用的需求，包括环境复杂度、移动精度、成本等因素。

2.3　机器人结构设计案例

本书以一个车臂一体的智能机器人作为案例进行说明，如图 2.7 所示。其中，车体采用三轮全向移动平台；机械臂采用三自由度并通过皮带传动，从而减少末端执行器的重量而增大负载能力。

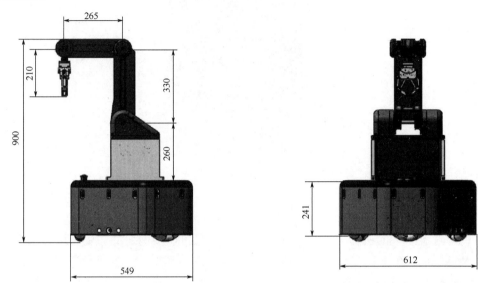

图 2.7　车臂一体机器人（单位：mm）

此机器人系统中除有移动平台和机械臂外，还配套了夹具——机械手抓，便于实现机器人的抓取操作，如图 2.8 所示。

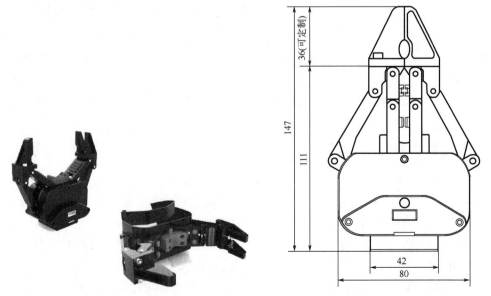

图 2.8　配套机械手抓（单位：mm）

　　此机械手抓可适应一定尺寸范围内的规则或不规则的物体柔性抓取需求,可根据需要选择平行抓取模式或自适应模式,其独特的弹性多连杆设计能自适应形变实现对物体的包裹抓取,并保持一定的抓紧力。

2.3.1　三轮全向机器人设计

　　三轮全向机器人如图 2.9 所示。

 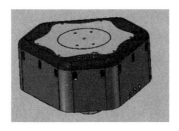 

图 2.9　三轮全向机器人

　　移动车体参数如表 2.1 所示。

表 2.1　移动车体参数

整体尺寸	如图 2.10 所示
移动机构	全向轮
电机规格	电压 24V
轮径	200mm
编码器分辨率	200 线
通信接口	直连控制方式（脉冲宽度调制）
最高速度	0.4m/s

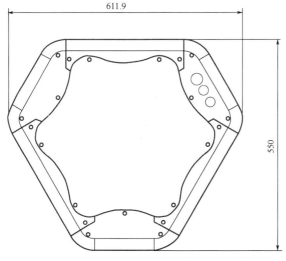 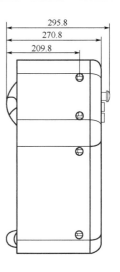

图 2.10　移动车体尺寸参数（单位：mm）

　　三轮全向机器人采用特殊设计的全向轮提高机器人运动平稳性,如图2.11所示,可以实现 360° 任意方向运动及原地旋转，运动自由度高，可适应狭小空间。其中特殊设计的全向轮，有效减小转弯半径，可通过狭小空间，提高工作效率，降低时间成本；相较于传统的麦克纳姆轮与双排轮设计，全向轮解决了在旋转时接地点不连续导致的抖动问题，极大地增加了移动车体在运动过程中的平稳性；单个车轮采用数十个高性能轴承，增强了车轮径向/轴向运动的流畅性。

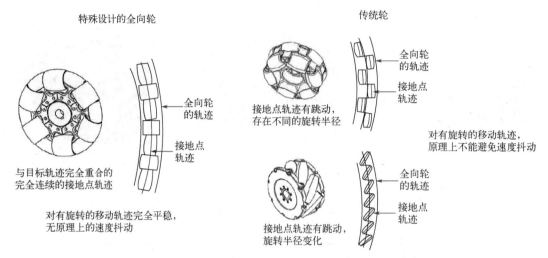

图 2.11　特殊设计的全向轮结构

在电机选型方面，从成本上考虑采用常见的 57 三相 BLDC 无刷电机，电压为 24V，转速为 5000r/m，电流为 4A，减速器采用 40 比行星减速机，编码器采用 200 线，车体内部实物图如图 2.12 所示。

图 2.12　车体内部实物图

在驱动选型方面，考虑维护方便，采用基于 CAN 总线或者 RS485 总线的单轴驱动器，三轮全向机器人需要三个运动执行器，因此需要三个具有 CAN 总线或者 RS485 总线接口驱动器。此车体采用一款直流供电的三相 FOC 驱动器，实现电流矢量的控制和机电定子磁场的矢量控制，优点是转矩波动小、效率高、噪声小和动态响应快。

控制板通过一个 STM32 嵌入式微控制器实现，根据车体运动学方程计算出各个轴旋转的速度，并通过 CAN 总线或者 RS485 总线发送给驱动器，控制全向机器人运动。

2.3.2 三自由度机械臂设计

本书所设计的三自由度机械臂如图 2.13 所示。

本书所用的三自由度机器人采用皮带传动，驱动器都集中在底座处，通过皮带带动机械臂上的三个关节，因为关节上没有带驱动，所以减轻了关节自身重量，提高了负载效率。机械臂传动结构如图 2.14 所示。

机械臂的电机采用一款 57 步进电机，相数为 2 相 4 线，力矩为 1.3N·m，步距角精度为 1.8°±5%，达到本书对机械臂控制精度的要求。驱动器采用 DM542，驱动电压为 20～50V，2-128 细分，控制电压为 5～24V。同时，机械臂每个驱动电机采用磁编码器 AS5600 传感器采集每个关节转过的角度，从而获得每个关节的角度以及转动速度。

图 2.13　三自由度机械臂

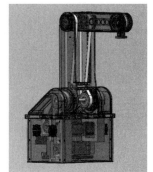

图 2.14　机械臂传动结构

机械臂参数如表 2.2 所示。

表 2.2　机械臂参数

整体尺寸	如图 2.15 所示
轴数	3
负载	1kg
驱动方式	步进电机
传动结构	同步带传动
1 轴大臂	+90°～−90°
2 轴中臂	+160°～−90°
3 轴小臂	+90°～−90°

注：机械臂轴运动参数以垂直向上为零点，向前旋转为正，向后旋转为负。

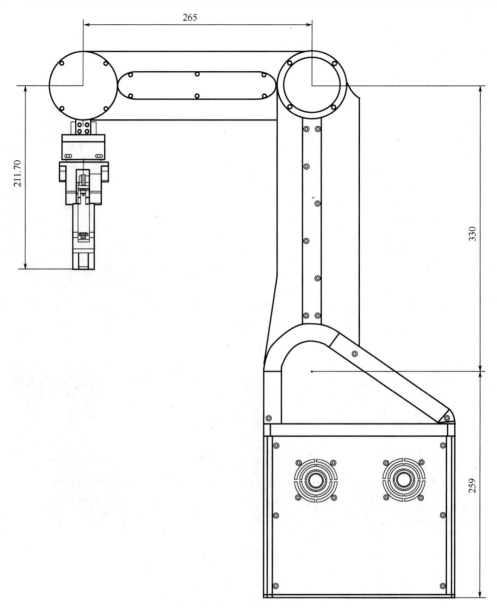

图 2.15　机械臂尺寸图（单位：mm）

2.4　习　　题

1. 简述机械臂的常见种类。
2. 简述移动机器人的常见种类。
3. 简述一个具体移动机器人和机械臂案例。
4. 简述机器人结构设计相关的因素。

第 3 章

机器人运动学

3.1 机器人运动学概述

机器人运动学是研究机械臂或移动机器人等多自由度系统运动的科学。它主要分析和描述在不考虑力和扭矩的情况下，机器人如何通过一系列关节（或轮子）运动以及从一个位置移动到另一个位置。

3.1.1 机器人运动学研究内容

机器人运动学的研究可以从正运动学、逆运动学和雅可比矩阵等几个方面进行。

正运动学是指给定机器人的关节参数（如关节角度、关节位移），计算机器人末端执行器（如机械臂末端或轮式机器人）的位姿（位置和姿态）。用来确定机器人在某一组关节配置下的位姿，可以应用于机器人控制和路径规划。建立机器人各个关节之间的几何关系，通过连杆坐标变换得到末端执行器的位姿，其中机械臂常用的方法包括齐次变换矩阵和Denavit-Hartenberg（DH）参数表述，也可以根据机械臂和移动平台的几何关系建立正运动学方程。例如，一个机械臂，若关节角度为已知量，通过正运动学计算可以得到末端的具体位置和方向。

逆运动学是指给定机器人末端执行器的目标位姿，计算机器人关节需要达到的配置（角度或位移）。逆运动学通常比正运动学复杂，因为可能存在多个解或无解。用于机器人控制、路径规划，尤其是在工业机器人中，可将末端执行器移动到指定位置。逆运动学问题通常涉及非线性方程组的求解，可能需要使用数值方法（如牛顿法）或最优化算法（如遗传算法）来找到解。例如，机械臂需要抓取某个物体，通过逆运动学计算出每个关节所需的角度或位移，从而实现末端执行器的精准定位。

雅可比矩阵是运动学中一个重要的工具，描述机器人末端执行器速度与关节速度之间的线性关系，分析机器人的速度和力矩传递。用于运动规划、动力学分析和控制，特别是涉及机器人的速度和力学性能时，雅可比矩阵的逆矩阵可以用来解决逆运动学的微分形式。雅可比矩阵是由关节变量对末端执行器位姿导数所组成的矩阵，能够反映关节空间和任务空间的映射关系。例如，在机械臂的速度控制中，通过雅可比矩阵可以计算出每个关节的角速度，来达到末端执行器所需的线速度。

雅可比矩阵将关节角速度映射到末端执行器的线速度和角速度。假设一个机械臂的关节变量为 $q = [\theta_1, \theta_2, \cdots, \theta_n]^T$，末端执行器的位置和姿态向量为 x，则雅可比矩阵 $J(q)$ 定义为

$$\dot{x} = J(q) \cdot \dot{q} \tag{3.1}$$

其中，$\dot{x}$ 是末端执行器的速度向量，包含线速度和角速度；$\dot{q}$ 是关节速度向量。

运动学奇异性是指当机器人处于某些特定配置时，雅可比矩阵失去秩，即雅可比矩阵的行列式为零的状态。奇异性会导致机器人在某些方向上的运动能力丧失，无法精确控制。在奇异点附近，机器人可能无法生成有效的运动，或需要极大的关节速度来实现末端执行器的小范围移动，导致控制不稳定。解决方法是避免在奇异性附近操作，或通过设计控制器来减小奇异性的影响。例如，对于一个六自由度机械臂，当所有关节轴线相交于一点时，系统可能处于奇异状态，此时控制末端执行器运动将非常困难。

3.1.2 机器人运动学概念

1. 自由度

自由度是指一个机械系统能够独立运动的数量。对于一个刚体来说，在三维空间中有 6 个自由度：3 个平移自由度（X、Y、Z 方向）和 3 个旋转自由度（绕 X、Y、Z 轴旋转）。机器人系统的自由度决定了它的灵活性和可操作性。通常，机械臂的自由度越高，能够完成的任务类型越多，复杂度越高。

2. 坐标系

坐标系常常分为如下三种。

基坐标系：机器人固定的参考坐标系，通常设定在机器人底座。

工具坐标系：附着在机器人末端执行器上的坐标系，描述工具的运动和位置。

世界坐标系：通常设定在工作环境中，用于描述机器人和环境之间的相对关系。

3. 齐次变换矩阵

齐次变换矩阵是描述刚体之间变换关系的 4×4 矩阵，包括旋转和平移。它将旋转矩阵和位移向量结合在一起，以统一的形式描述坐标系之间的变换。齐次变换矩阵广泛应用于正运动学计算，确定一个坐标系相对于另一个坐标系的位置和方向。

4. DH 参数

DH 参数是一种标准化方法，描述机器人机械臂各个关节之间的几何关系，通过四个参数（关节角度、连杆长度、连杆偏移、连杆扭角）描述相邻连杆之间的相对位置。DH 参数简化了机械臂的运动学建模过程，便于进行正运动学和逆运动学的分析。

5. 运动学求解方法

运动学求解方法包括解析方法和数值方法。

其中，解析方法直接通过代数推导得到明确的表达式，适合几何结构简单、方程可以直接推导出闭合形式的情况。优点是计算快速且精确，缺点是对复杂系统可能不存在解析解。

数值方法使用迭代算法或优化方法求解，适合复杂系统，或在解析解无法求得时使用。优点是通用性强，可以应用于任何复杂情况；缺点是需要迭代计算，可能收敛缓慢或陷入局部最优解。常用的数值方法有如下几种。

（1）牛顿-拉夫森法（Newton-Raphson Method）

牛顿-拉夫森法是一种基于梯度下降的迭代方法，用于求解非线性方程组。在逆运动学中，牛顿-拉夫森法通过迭代来逼近末端执行器的目标位置。

具体步骤如下：

① 初始估计一个关节向量 $\boldsymbol{q}_0$。

② 计算雅可比矩阵 $\boldsymbol{J}(\boldsymbol{q})$。

③ 迭代更新 $\boldsymbol{q}$：

$$\boldsymbol{q}_{n+1} = \boldsymbol{q}_n - \boldsymbol{J}(\boldsymbol{q}_n)^{-1} \cdot \boldsymbol{f}(\boldsymbol{q}_n) \tag{3.2}$$

其中，$\boldsymbol{f}(\boldsymbol{q}_n)$ 是关节空间和任务空间的映射关系，即 $\boldsymbol{x} = \boldsymbol{f}(\boldsymbol{q})$。

④ 检查误差是否收敛，若收敛则停止迭代。

这种方法的优点是在合适的初始条件下收敛速度快；缺点是依赖初始估计值，可能会收敛到局部最小值。

（2）优化方法

优化方法将逆运动学问题转换为一个优化问题，目标是最小化目标函数（通常是末端执行器的实际位置与期望位置之间的差）。

具体步骤如下：

① 定义目标函数：

$$\boldsymbol{f}_{\text{goal}}(\boldsymbol{q}_n) = \| \boldsymbol{f}(\boldsymbol{q}_n) - x_{\text{target}} \|^2 \tag{3.3}$$

② 选择优化算法（如梯度下降、共轭梯度法、遗传算法等）。

③ 迭代优化关节角度，直到目标函数的值最小化。

这种方法的优点是可以处理多目标优化问题，适应性强；缺点是计算代价高，可能收敛到局部最优解。

（3）递归方法

递归方法用于解决冗余机器人的逆运动学问题，通过逐层求解每个关节的角度来逼近目标位置。

具体步骤如下：

① 从末端执行器开始，递归回到基座，计算每个关节角度。

② 根据末端执行器的误差调整关节角度，逐步逼近目标。

这种方法的优点是适用于冗余机器人，计算简单；缺点是收敛速度较慢。

通常使用解析解来快速控制简单机械臂的运动，使用数值解来处理复杂的运动学问题。正运动学与反运动学的解析解和数值解方法在机器人学中各有优势，具体应用取决于机器人系统的复杂性和实际需求。

6. 四元数表示法

四元数表示法因其在三维旋转计算中的高效性和稳定性，特别是在避免万向节锁死（Gimbal Lock）问题方面的优势，被广泛应用于计算机图形学、机器人学等领域。通过四元数，可以在更广泛的场景（包括三维运动）中统一表示末端执行器的位置和姿态。

3.2 轮式车体机器人运动学模型

轮式车体机器人的运动学模型用于描述其在平面上的运动，通常通过几何关系和运动学来表示机器人在某个时间点的位置、姿态及运动速度。主要通过速度（线速度 v 和角速度 ω）控制来描述机器人的运动行为，基本目标是在给定的控制输入下，描述机器人在平面上如何运动。

3.2.1 轮式车体机器人运动学模型设计步骤

轮式车体机器人运动学模型设计步骤如下。

（1）确定车体的任务（如导航、避障、路径跟踪），了解系统的操作环境（室内/室外、平坦/崎岖地形），选择适合的轮式车体类型，如差动驱动、全向驱动或同步驱动等。

（2）建立全局坐标系（固定在环境中）和车体坐标系（固定在车体上）。通常，车体坐标系的原点设在车体的几何中心或车轮的接地点上。定义车体几何参数，如轮子的直径、车体的尺寸、轮间距等。这些参数是运动学建模的基础。

（3）推导车体各部分（如轮子）的速度与整体运动速度之间的关系。对于差动驱动，计算每个轮子的线速度与车体线速度、角速度的关系；对于全向驱动，推导轮子速度与全局速度 (v_x, v_y, ω) 的关系。使用前述速度关系推导车体的运动学方程，描述车体在平面上的运动。

3.2.2 三轮全向车体机器人运动学案例

三轮全向车体机器人是一种常见的全向移动机器人，通常配置三个相互成 $120°$ 角的全向轮。这种配置允许机器人在平面上进行任意方向的运动，而不必改变其朝向。此模型中的轮子为特殊定制的全向轮，该轮同时具有径向速度与切向速度。其中，万向轮的驱动速度为 v_{w_drv}，万向轮的被动速度为 v_{w_pass}，如图 3.1 所示。

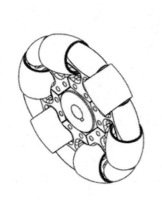
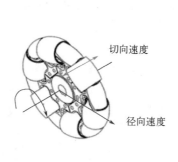
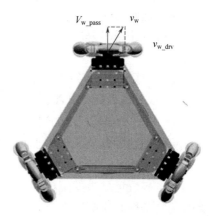

图 3.1 万向轮

下面推导三轮全向车体机器人的正运动学和逆运动学方程。

1. 坐标系与变量定义

定义坐标系与变量，如图 3.2 所示。

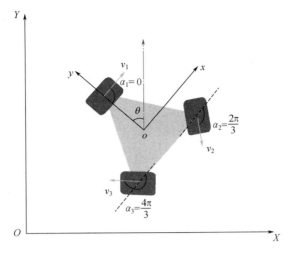

图 3.2　坐标系与变量定义

车体坐标系：车体坐标系的原点通常位于车体的几何中心；其 x 轴和 y 轴在水平平面内；θ 表示车体的方向角，逆时针为正方向。

全局坐标系：用于描述车体在环境中的位置，设车体的位置为 (x, y, θ)。

运动速度：

v_x：车体沿车体坐标系 x 轴的速度。

v_y：车体沿车体坐标系 y 轴的速度。

ω：车体对车体坐标系 z 轴的角速度。

V_x：车体沿全局坐标系 X 轴的速度。

V_y：车体沿全局坐标系 Y 轴的速度。

W：车体对全局坐标系 Z 轴的角速度。

轮子速度：三个轮子的速度分别为 v_1、v_2、v_3。

2．几何分析

根据图 3.2，设三个轮子与车体中心的距离都为 r，三个轮子与 x 轴的夹角分别为 $\alpha_1 = 0$，$\alpha_2 = \dfrac{2\pi}{3}$，$\alpha_3 = \dfrac{4\pi}{3}$。三个轮子速度与车体速度之间的关系为

$$v_i = v_x \cos \alpha_i + v_y \sin \alpha_i - r\omega \tag{3.4}$$

对于三轮全转车体，可以列出三个轮子的运动学方程：

$$v_1 = v_x \cos 0 + v_y \sin 0 - r\omega = v_x - r\omega$$

$$v_2 = v_x \cos \frac{2\pi}{3} + v_y \sin \frac{2\pi}{3} - r\omega = -\frac{1}{2}v_x + \frac{\sqrt{3}}{2}v_y - r\omega$$

$$v_3 = v_x \cos \frac{4\pi}{3} + v_y \sin \frac{4\pi}{3} - r\omega = -\frac{1}{2}v_x - \frac{\sqrt{3}}{2}v_y - r\omega \tag{3.5}$$

将这些方程写成矩阵形式：

$$\begin{bmatrix} v_1 \\ v_2 \\ v_3 \end{bmatrix} = \begin{bmatrix} 1 & 0 & -r \\ -\dfrac{1}{2} & \dfrac{\sqrt{3}}{2} & -r \\ -\dfrac{1}{2} & -\dfrac{\sqrt{3}}{2} & -r \end{bmatrix} \begin{bmatrix} v_x \\ v_y \\ \omega \end{bmatrix} \tag{3.6}$$

上述矩阵方程描述的是从车体速度到轮子速度的映射。对于从全局坐标系到车体坐标系的速度映射，需要从全局坐标系下的速度表达式转换到车体坐标系，因为车体坐标系相对于全局坐标系旋转了 θ 角，故从 XOY 到 xoy 的旋转矩阵为 $\boldsymbol{R}(\theta) = \begin{bmatrix} \cos\theta & -\sin\theta & 0 \\ \sin\theta & \cos\theta & 0 \\ 0 & 0 & 1 \end{bmatrix}$，那么从 xoy 到 XOY 的旋转矩阵则为 $\boldsymbol{R}^{-1}(\theta)$，即

$$\begin{bmatrix} v_x \\ v_y \\ \omega \end{bmatrix} = \boldsymbol{R}^{-1}(\theta) \begin{bmatrix} V_x \\ V_y \\ W \end{bmatrix} = \begin{bmatrix} \cos\theta & \sin\theta & 0 \\ -\sin\theta & \cos\theta & 0 \\ 0 & 0 & 1 \end{bmatrix} \begin{bmatrix} V_x \\ V_y \\ W \end{bmatrix} \tag{3.7}$$

将式（3.7）代入式（3.6），有

$$\begin{bmatrix} v_1 \\ v_2 \\ v_3 \end{bmatrix} = \begin{bmatrix} 1 & 0 & -r \\ -\dfrac{1}{2} & \dfrac{\sqrt{3}}{2} & -r \\ -\dfrac{1}{2} & -\dfrac{\sqrt{3}}{2} & -r \end{bmatrix} \begin{bmatrix} v_x \\ v_y \\ \omega \end{bmatrix} = \begin{bmatrix} 1 & 0 & -r \\ -\dfrac{1}{2} & \dfrac{\sqrt{3}}{2} & -r \\ -\dfrac{1}{2} & -\dfrac{\sqrt{3}}{2} & -r \end{bmatrix} \begin{bmatrix} \cos\theta & \sin\theta & 0 \\ -\sin\theta & \cos\theta & 0 \\ 0 & 0 & 1 \end{bmatrix} \begin{bmatrix} V_x \\ V_y \\ W \end{bmatrix}$$

$$= \begin{bmatrix} \cos\theta & \sin\theta & -r \\ -\cos\left(\dfrac{\pi}{3}-\theta\right) & -\sin\left(\dfrac{\pi}{3}-\theta\right) & -r \\ -\cos\left(\dfrac{\pi}{3}+\theta\right) & -\sin\left(\dfrac{\pi}{3}+\theta\right) & -r \end{bmatrix} \begin{bmatrix} V_x \\ V_y \\ W \end{bmatrix} \tag{3.8}$$

3. 正运动学方程

正运动学方程描述给定轮子速度时，车体在全局坐标系中的运动。

由式（3.8）可得

$$\begin{bmatrix} V_x \\ V_y \\ W \end{bmatrix} = \begin{bmatrix} \cos\theta & \sin\theta & -r \\ -\cos\left(\dfrac{\pi}{3}-\theta\right) & \sin\left(\dfrac{\pi}{3}-\theta\right) & -r \\ -\cos\left(\dfrac{\pi}{3}+\theta\right) & -\sin\left(\dfrac{\pi}{3}+\theta\right) & -r \end{bmatrix}^{-1} \begin{bmatrix} v_1 \\ v_2 \\ v_3 \end{bmatrix} \tag{3.9}$$

其中，雅可比矩阵为

$$J = \begin{bmatrix} \cos\theta & \sin\theta & -r \\ -\cos\left(\dfrac{\pi}{3}-\theta\right) & \sin\left(\dfrac{\pi}{3}-\theta\right) & -r \\ -\cos\left(\dfrac{\pi}{3}+\theta\right) & -\sin\left(\dfrac{\pi}{3}+\theta\right) & -r \end{bmatrix}^{-1} \qquad (3.10)$$

4. 逆运动学方程

逆运动学方程用于给定车体的全局速度 V_x、V_y 和角速度 W，求解每个轮子的速度 v_1、v_2、v_3。可以通过正运动学方程的逆矩阵求解逆运动学方程，需要先计算正运动学方程中的雅可

比矩阵 J 的逆矩阵 $J^{-1} = \begin{bmatrix} \cos\theta & \sin\theta & -r \\ -\cos\left(\dfrac{\pi}{3}-\theta\right) & \sin\left(\dfrac{\pi}{3}-\theta\right) & -r \\ -\cos\left(\dfrac{\pi}{3}+\theta\right) & -\sin\left(\dfrac{\pi}{3}+\theta\right) & -r \end{bmatrix}$，因此逆运动学方程为

$$\begin{bmatrix} v_1 \\ v_2 \\ v_3 \end{bmatrix} = \begin{bmatrix} \cos\theta & \sin\theta & -r \\ -\cos\left(\dfrac{\pi}{3}-\theta\right) & \sin\left(\dfrac{\pi}{3}-\theta\right) & -r \\ -\cos\left(\dfrac{\pi}{3}+\theta\right) & -\sin\left(\dfrac{\pi}{3}+\theta\right) & -r \end{bmatrix} \begin{bmatrix} V_x \\ V_y \\ W \end{bmatrix} \qquad (3.11)$$

三轮全向车体机器人的正运动学方程将轮子速度映射为车体在全局坐标系中的线速度和角速度，而逆运动学方程则通过车体的全局速度来求解每个轮子的速度。正逆运动学的关系可用雅可比矩阵和其逆矩阵表示。在实际应用中，这些方程用于车体的运动控制和路径规划。

3.3 机械臂运动学模型

机械臂运动学是研究机械臂在空间中的位置、姿态及其运动规律的学科，主要分为**正运动学**（Forward Kinematics，FK）和**逆运动学**（Inverse Kinematics，IK）两个部分。

3.3.1 正运动学

正运动学用于计算在已知机械臂各个关节角度的情况下，机械臂末端执行器（End Effector）的具体位置和姿态。通过已知关节角度，以及机械臂的各个连杆长度和相对位置，可以计算出末端执行器在空间中的坐标。

下面以一个简单的机械臂例子来展示如何使用 DH 参数表示法进行正运动学计算。

如图 3.3 所示为两连杆平面机械臂，由两个旋转关节和两段连杆组成。关节 1 连接基座与连杆 1，关节 2 连接连杆 1 与连杆 2，末端执行器位于连杆 2 的末端。

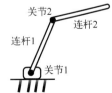

图 3.3　两连杆平面机械臂

推导正运动学方程的主要步骤如下。

1. 定义坐标系

为机械臂的每个关节和连杆建立参考坐标系，通常采用 DH 参数表示法。通过 4 个 DH 参数（连杆长度、连杆扭角、连杆偏移和关节角度）来定义机械臂的运动学链，如图 3.4 所示。

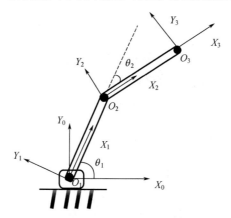

图 3.4　两连杆平面机械臂 DH 参数

图 3.4 中，机械臂参数：连杆 1 长度为 l_1，连杆 2 长度为 l_2，关节 1 角为 θ_1，关节 2 角为 θ_2。

2. 建立连杆参数表

列出机械臂的各个关节之间的相对位置参数，包括连杆长度、关节偏移、连杆扭角等。结合此例，列出 DH 参数表，如表 3.1 所示。

表 3.1　DH 参数表

i	α_{i-1}	a_{i-1}	d_i	θ_i
1	0	0	0	θ_1
2	0	l_1	0	θ_2
3	0	l_2	0	0

α_{i-1}：前一个关节的连杆扭角，描述两段连杆之间的相对扭转角度。

a_{i-1}：前一个关节的连杆长度，描述前一个关节与当前关节之间的距离。

d_i：关节偏移，描述当前关节在其轴线上的位移（适用于平移关节）。

θ_i：关节角度，描述当前关节绕其轴线的旋转角度（适用于旋转关节）。

在这个例子中，α_{i-1} 为 0，因为连杆之间没有扭转角度；d_i 为 0，因为关节没有沿轴线的偏移；θ_3 为 0，因为末端执行器的坐标系固连于操作臂末端，X_3 与 X_2 重合。连杆长度和关节角是关键参数。

3. 矩阵变换

利用齐次变换矩阵，将各个关节的坐标系转换为末端执行器的坐标系，最终求出末端执行器的位置和姿态。

每个关节的齐次变换矩阵可以表示为（可以约定：对于角 θ_i 的正弦值可以表示为以下任一种形式：$\sin\theta_i$，$s\theta_i$，s_i，余弦值同理，后面内容中都以其中一种形式表示，具体根据表达式的内容和长度选择合适的形式）

$$^{i-1}_{i}T = \begin{bmatrix} c\theta_i & -s\theta_i & 0 & a_{i-1} \\ s\theta_i c\alpha_{i-1} & c\theta_i c\alpha_{i-1} & -s\alpha_{i-1} & -s\alpha_{i-1}d_i \\ s\theta_i s\alpha_{i-1} & c\theta_i s\alpha_{i-1} & c\alpha_{i-1} & c\alpha_{i-1}d_i \\ 0 & 0 & 0 & 1 \end{bmatrix} \tag{3.12}$$

在这个例子中，α_{i-1} 和 d_i 都是 0，矩阵可简化为

$$^{i-1}_{i}T = \begin{bmatrix} c_i & -s_i & 0 & a_{i-1} \\ s_i & c_i & 0 & 0 \\ 0 & 0 & 1 & 0 \\ 0 & 0 & 0 & 1 \end{bmatrix} \tag{3.13}$$

4. 末端执行器的位姿

逐步相乘每个关节的齐次变换矩阵，可以得到末端执行器的位姿矩阵 $^{0}_{3}T$：

$$^{0}_{3}T = {}^{0}_{1}T\,{}^{1}_{2}T\,{}^{2}_{3}T = \begin{bmatrix} c_{12} & -s_{12} & 0 & l_1 c_1 + l_2 c_{12} \\ s_{12} & c_{12} & 0 & l_1 s_1 + l_2 s_{12} \\ 0 & 0 & 1 & 0 \\ 0 & 0 & 0 & 1 \end{bmatrix} \tag{3.14}$$

因此，末端执行器的位置为

$$\begin{aligned} x &= l_1 c_1 + l_2 c_{12} \\ y &= l_1 s_1 + l_2 s_{12} \end{aligned} \tag{3.15}$$

3.3.2　逆运动学

逆运动学用于在已知末端执行器的目标位置和姿态的情况下，计算机械臂各个关节所需的角度。逆运动学的问题通常比正运动学复杂，因为它通常存在多解，甚至出现无解的情况。

对图 3.3 所示的两连杆平面机械臂来说，逆运动学问题是给定末端执行器的位置，求出关节 1 和关节 2 的角度，使机械臂能够到达这个位置。

推导逆运动学方程的具体步骤如下。

1. 目标位姿的表示

确定末端执行器的目标位置和姿态，可以使用位置向量和方向余弦矩阵或四元数表示。对于二维平面机械臂，四元数的表示有些冗余，因此利用几何关系和余弦定理表示。

针对本例假设末端执行器的目标位置为 (x_e, y_e)，连杆 1 的长度为 l_1，连杆 2 的长度为 l_2，需要求解关节角度 θ_1 和 θ_2。

利用几何关系和余弦定理，可以推导出以下两个主要方程。

（1）末端执行器位置方程

$$x_e = l_1 \cos\theta_1 + l_2 \cos(\theta_1 + \theta_2)$$
$$y_e = l_1 \sin\theta_1 + l_2 \sin(\theta_1 + \theta_2) \tag{3.16}$$

（2）连杆长度方程

$$r^2 = x_e^2 + y_e^2 \tag{3.17}$$

其中，r 是末端执行器到原点的距离。

2. 求解关节角度

利用目标位姿和机械臂的几何参数，求出满足条件的关节角度。这一步通常需要用数值迭代方法、优化算法或人工智能方法，如梯度下降、牛顿-拉夫森法等。本节直接通过几何关系来求出关节角度。

（1）求解 θ_2

利用余弦定理计算 θ_2：

$$\cos\theta_2 = \frac{x_e^2 + y_e^2 - l_1^2 - l_2^2}{2l_1 l_2}$$

$$\theta_2 = \arccos\left(\frac{x_e^2 + y_e^2 - l_1^2 - l_2^2}{2l_1 l_2}\right) \tag{3.18}$$

θ_2 可能有两种解，分别对应于"肘上"和"肘下"的配置。

（2）求解 θ_1

已知

$$\begin{cases} x_e = l_1 c_1 + l_2 c_{12} = (l_1 + l_2 c_2)c_1 - l_2 s_2 s_1 \\ y_e = l_1 s_1 + l_2 s_{12} = (l_1 + l_2 c_2)s_1 + l_2 s_2 c_1 \end{cases} \tag{3.19}$$

令

$$\begin{cases} k_1 = l_1 + l_2 c_2 \\ k_2 = l_2 s_2 \end{cases} \tag{3.20}$$

则 x, y 可以表示为

$$\begin{cases} x = k_1 c_1 - k_2 s_1 \\ y = k_1 s_1 + k_2 c_1 \end{cases} \tag{3.21}$$

再令 $r = \sqrt{k_1^2 + k_2^2}$，$\gamma = A\tan 2(k_2, k_1)$，则 $k_1 = r\cos\gamma$，$k_2 = r\sin\gamma$。所以

$$\frac{x}{r} = \cos\gamma\cos\theta_1 - \sin\gamma\sin\theta_1, \quad \frac{y}{r} = \cos\gamma\sin\theta_1 + \sin\gamma\cos\theta_1 \tag{3.22}$$

所以

$$\cos(\gamma + \theta_1) = \frac{x}{r}, \quad \sin(\gamma + \theta_1) = \frac{y}{r}$$

$$\Rightarrow \gamma + \theta_1 = A\tan 2\left(\frac{y}{r}, \frac{x}{r}\right) = A\tan 2(y, x)$$

$$\Rightarrow \theta_1 = A\tan 2(y, x) - \gamma = A\tan 2(y, x) - A\tan 2(k_2, k_1) \tag{3.23}$$

3.3.3　雅可比矩阵

在两自由度平面机械臂中，雅可比矩阵用于描述关节角速度如何映射到末端执行器的线速度。这种映射关系对机器人控制和逆运动学求解非常重要。

针对图 3.3 所示的两自由度机械臂，先通过正运动学计算出末端执行器的位置 (x, y)：

$$
\begin{aligned}
x &= l_1 \cos\theta_1 + l_2 \cos(\theta_1 + \theta_2) \\
y &= l_1 \sin\theta_1 + l_2 \sin(\theta_1 + \theta_2)
\end{aligned}
\tag{3.24}
$$

雅可比矩阵 J 将关节角速度 $\dot{\theta}_1$ 和 $\dot{\theta}_2$ 映射到末端执行器的线速度 $\dot{x}$ 和 $\dot{y}$：

$$\begin{bmatrix} \dot{x} \\ \dot{y} \end{bmatrix} = J(\theta_1, \theta_2) \begin{bmatrix} \dot{\theta}_1 \\ \dot{\theta}_2 \end{bmatrix} \tag{3.25}$$

雅可比矩阵 J 由末端执行器的位置对关节角度的偏导数构成：

$$J = \begin{bmatrix} \dfrac{\partial x}{\partial \theta_1} & \dfrac{\partial x}{\partial \theta_2} \\ \dfrac{\partial y}{\partial \theta_1} & \dfrac{\partial y}{\partial \theta_2} \end{bmatrix} \tag{3.26}$$

分别计算各个偏导数：

$$\frac{\partial x}{\partial \theta_1} = -l_1 \sin\theta_1 - l_2 \sin(\theta_1 + \theta_2)$$

$$\frac{\partial x}{\partial \theta_2} = -l_2 \sin(\theta_1 + \theta_2)$$

$$\frac{\partial y}{\partial \theta_1} = l_1 \cos\theta_1 + l_2 \cos(\theta_1 + \theta_2)$$

$$\frac{\partial y}{\partial \theta_2} = l_2 \cos(\theta_1 + \theta_2) \tag{3.27}$$

将这些偏导数代入雅可比矩阵：

$$J = \begin{bmatrix} -l_1 \sin\theta_1 - l_2 \sin(\theta_1 + \theta_2) & -l_2 \sin(\theta_1 + \theta_2) \\ l_1 \cos\theta_1 + l_2 \cos(\theta_1 + \theta_2) & l_2 \cos(\theta_1 + \theta_2) \end{bmatrix} \tag{3.28}$$

应用雅可比矩阵，可以实现：

1. 速度映射

给定关节角速度 $\dot{\theta}_1$ 和 $\dot{\theta}_2$，可以通过雅可比矩阵计算末端执行器的线速度：

$$\begin{bmatrix} \dot{x} \\ \dot{y} \end{bmatrix} = \begin{bmatrix} -l_1\sin\theta_1 - l_2\sin(\theta_1+\theta_2) & -l_2\sin(\theta_1+\theta_2) \\ -l_1\cos\theta_1 + l_2\cos(\theta_1+\theta_2) & l_2\cos(\theta_1+\theta_2) \end{bmatrix} \begin{bmatrix} \dot{\theta}_1 \\ \dot{\theta}_2 \end{bmatrix} \tag{3.29}$$

2. 速度控制

在逆运动学中，如果已知末端执行器的目标速度$[\dot{x}, \dot{y}]^{\mathrm{T}}$，可以通过求雅可比矩阵的伪逆来求所需的关节角速度：

$$\begin{bmatrix} \dot{\theta}_1 \\ \dot{\theta}_2 \end{bmatrix} = \boldsymbol{J}^{-1}(\theta_1, \theta_2) \begin{bmatrix} \dot{x} \\ \dot{y} \end{bmatrix} \tag{3.30}$$

伪逆$\boldsymbol{J}^{-1}$的计算在存在冗余或者奇异性的情况下尤其重要。

3. 奇异性分析

当雅可比矩阵的行列式为零时，机械臂处于奇异状态。在这种情况下，末端执行器在某些方向上将无法通过关节运动来实现移动，即运动可能受到限制或者控制失效。

雅可比矩阵在两自由度平面机械臂的分析中起到了连接关节空间与末端执行器速度的关键作用。它不仅是理解机械臂运动的基础工具，也在逆运动学求解、速度控制和奇异性分析中发挥着重要作用。

3.3.4　三自由度机械臂运动学案例

1. 建立连杆坐标系（如图 3.5 所示）

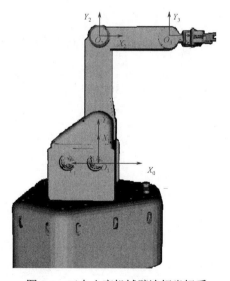

图 3.5　三自由度机械臂连杆坐标系

图 3.5 可简化为图 3.6。

2. 建立 DH 参数表

DH 参数表如表 3.2 所示。

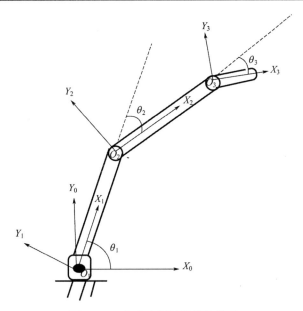

图 3.6 三自由度机械臂简化模型

注：各连杆以逆时针旋转为正，故 θ_2 与 θ_3 均为负。

表 3.2 三自由度机械臂 DH 参数表

i	α_{i-1}	a_{i-1}	d_i	θ_i
1	0	0	0	θ_1
2	0	l_1	0	θ_2
3	0	l_2	0	θ_3
4	0	l_3	0	0

3. 建立齐次变换矩阵

根据 DH 参数建立齐次变换矩阵，将 $^{i-1}_iT = \begin{bmatrix} c_i & -s_i & 0 & a_{i-1} \\ s_ic_{i-1} & c_ic_{i-1} & -s_{i-1} & -s_{i-1}d_i \\ s_is_{i-1} & c_is_{i-1} & c_{i-1} & c_{i-1}d_i \\ 0 & 0 & 0 & 1 \end{bmatrix}$ 代入 DH 参数，

可得

$$
^{0}_{3}T = {}^{0}_{1}T\,{}^{1}_{2}T\,{}^{2}_{3}T = \begin{bmatrix} c_{123} & -s_{123} & 0 & l_1c_1 + l_2c_{12} \\ s_{123} & c_{123} & 0 & l_1s_1 + l_2s_{12} \\ 0 & 0 & 1 & 0 \\ 0 & 0 & 0 & 1 \end{bmatrix} \tag{3.31}
$$

设目标为 (x, y, φ)，其中 φ 表示连杆 3 相对 X_0 轴的方位角，则腕部坐标系相对于基坐

标系的变换矩阵 $^{B}_{W}T$ 为 $\begin{bmatrix} c_\varphi & -s_\varphi & 0 & x \\ s_\varphi & c_\varphi & 0 & y \\ 0 & 0 & 1 & 0 \\ 0 & 0 & 0 & 1 \end{bmatrix}$，而 $^{B}_{W}T = {}^{0}_{3}T$，由此可得

$$\begin{bmatrix} c_{123} & -s_{123} & 0 & l_1c_1+l_2c_{12} \\ s_{123} & c_{123} & 0 & l_1s_1+l_2s_{12} \\ 0 & 0 & 1 & 0 \\ 0 & 0 & 0 & 1 \end{bmatrix} = \begin{bmatrix} c_\varphi & -s_\varphi & 0 & x \\ s_\varphi & c_\varphi & 0 & y \\ 0 & 0 & 1 & 0 \\ 0 & 0 & 0 & 1 \end{bmatrix} \tag{3.32}$$

对应元素分别相等，故可得

$$\begin{cases} c_\varphi = c_{123} \\ s_\varphi = s_{123} \\ x = l_1c_1+l_2c_{12} \\ y = l_1s_1+l_2s_{12} \end{cases} \tag{3.33}$$

4. 求解上面方程

将方程组（3.33）的后两个方程分别平方后相加，可得

$$x^2+y^2 = l_1^2+l_2^2+2l_1l_2c_2 \tag{3.34}$$

所以 $c_2 = \dfrac{x^2+y^2-l_1^2-l_2^2}{2l_1l_2c_2}$，故

$$s_2 = \pm\sqrt{1-c_2^2}, \quad \theta_2 = A\tan2(s_2,c_2) \tag{3.35}$$

末端执行器的位置为

$$\begin{aligned} x &= l_1c_1+l_2c_{12} = (l_1+l_2c_2)c_1-l_2s_2s_1 \\ y &= l_1s_1+l_2s_{12} = (l_1+l_2c_2)s_1+l_2s_2c_1 \end{aligned} \tag{3.36}$$

令 $x = k_1c_1-k_2s_1$，$y = k_1s_1+k_2c_1$，其中 $k_1 = l_1+l_2c_2$，$k_2 = l_2s_2$。再令 $r = \sqrt{k_1^2+k_2^2}$，$\gamma = A\tan2(k_2,k_1)$，则 $k_1 = r\cos\gamma$，$k_2 = r\sin\gamma$。所以

$$\frac{x}{r} = \cos\gamma\cos\theta_1-\sin\gamma\sin\theta_1, \quad \frac{y}{r} = \cos\gamma\sin\theta_1+\sin\gamma\cos\theta_1 \tag{3.37}$$

所以

$$\cos(\gamma+\theta_1) = \frac{x}{r}, \quad \sin(\gamma+\theta_1) = \frac{y}{r}$$

$$\Rightarrow \gamma+\theta_1 = A\tan2\left(\frac{y}{r},\frac{x}{r}\right) = A\tan2(y,x)$$

$$\Rightarrow \theta_1 = A\tan2(y,x)-\gamma = A\tan2(y,x)-A\tan2(k_2,k_1) \tag{3.38}$$

由 $\theta_1+\theta_2+\theta_3 = A\tan2(s_\varphi,c_\varphi) = \varphi$ 可得

$$\theta_3 = \varphi-\theta_2-\theta_1 \tag{3.39}$$

综上可得

$$\begin{cases} \theta_2 = A\tan2(s_2,c_2) \\ \theta_1 = A\tan2(y,x)-A\tan2(k_2,k_1) \\ \theta_3 = \varphi-\theta_2-\theta_1 \end{cases} \tag{3.40}$$

3.3.5　三自由度机械臂雅可比矩阵应用案例

1．求解雅可比矩阵——矢量积法

建立坐标系，如图 3.7 所示。

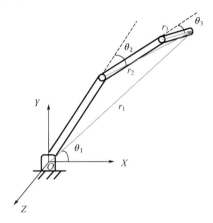

图 3.7　三自由度机械臂坐标系

图 3.7 中，θ_i 表示旋转角度，r_i 表示转轴中心到末端点的矢径。

由图可得

$$z_1 = z_2 = z_3 = [0 \quad 0 \quad 1]^{\mathrm{T}}$$

$$r_1 = \begin{bmatrix} l_1\cos\theta_1 + l_2\cos(\theta_1+\theta_2) + l_3\cos(\theta_1+\theta_2+\theta_3) \\ l_1\sin\theta_1 + l_2\sin(\theta_1+\theta_2) + l_3\sin(\theta_1+\theta_2+\theta_3) \\ 0 \end{bmatrix}$$

$$r_2 = \begin{bmatrix} l_2\cos(\theta_1+\theta_2) + l_3\cos(\theta_1+\theta_2+\theta_3) \\ l_2\sin(\theta_1+\theta_2) + l_3\sin(\theta_1+\theta_2+\theta_3) \\ 0 \end{bmatrix}$$

$$r_3 = \begin{bmatrix} l_3\cos(\theta_1+\theta_2+\theta_3) \\ l_3\sin(\theta_1+\theta_2+\theta_3) \\ 0 \end{bmatrix} \tag{3.41}$$

代入雅可比矩阵公式，旋转矩阵

$$J = \begin{bmatrix} z_1 \times r_1 & z_2 \times r_2 & z_3 \times r_3 \\ z_1 & z_2 & z_3 \end{bmatrix}$$

$$= \begin{bmatrix} -l_1\sin\theta_1 - l_2\sin(\theta_1+\theta_2) - l_3\sin(\theta_1+\theta_2+\theta_3) & -l_2\sin(\theta_1+\theta_2) - l_3\sin(\theta_1+\theta_2+\theta_3) & -l_3\sin(\theta_1+\theta_2+\theta_3) \\ l_1\cos\theta_1 + l_2\cos(\theta_1+\theta_2) + l_3\cos(\theta_1+\theta_2+\theta_3) & l_2\cos(\theta_1+\theta_2) + l_3\cos(\theta_1+\theta_2+\theta_3) & l_3\cos(\theta_1+\theta_2+\theta_3) \\ 0 & 0 & 0 \\ 0 & 0 & 0 \\ 0 & 0 & 0 \\ 1 & 1 & 1 \end{bmatrix} \tag{3.42}$$

2．求解雅可比矩阵——积分变换法

（1）建立 DH 坐标系如图 3.8 所示。建立 DH 参数表和表 3.2 相同。

（2）根据 DH 参数表建立齐次变换矩阵，将

$$
{}_{i}^{i-1}\boldsymbol{T} = \begin{bmatrix} c_i & -s_i & 0 & a_{i-1} \\ s_i c_{i-1} & c_i c_{i-1} & -s_{i-1} & -s_{i-1} d_i \\ s_i s_{i-1} & c_i s_{i-1} & c_{i-1} & c_{i-1} d_i \\ 0 & 0 & 0 & 1 \end{bmatrix}
$$

代入 DH 参数，

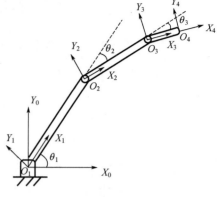

图 3.8　三自由度机械臂 DH 坐标系

可得

$$
{}_{1}^{0}\boldsymbol{T} = \begin{bmatrix} c_1 & -s_1 & 0 & 0 \\ s_1 & c_1 & 0 & 0 \\ 0 & 0 & 1 & 0 \\ 0 & 0 & 0 & 1 \end{bmatrix}, \quad {}_{2}^{1}\boldsymbol{T} = \begin{bmatrix} c_2 & -s_2 & 0 & L_1 \\ s_2 & c_2 & 0 & 0 \\ 0 & 0 & 1 & 0 \\ 0 & 0 & 0 & 1 \end{bmatrix}
$$

$$
{}_{3}^{2}\boldsymbol{T} = \begin{bmatrix} c_3 & -s_3 & 0 & L_2 \\ s_3 & c_3 & 0 & 0 \\ 0 & 0 & 1 & 0 \\ 0 & 0 & 0 & 1 \end{bmatrix}, \quad {}_{4}^{3}\boldsymbol{T} = \begin{bmatrix} 1 & 0 & 0 & L_3 \\ 0 & 1 & 0 & 0 \\ 0 & 0 & 1 & 0 \\ 0 & 0 & 0 & 1 \end{bmatrix} \tag{3.43}
$$

则

$$
{}_{4}^{2}\boldsymbol{T} = \begin{bmatrix} c_3 & -s_3 & 0 & L_3 c_3 + L_2 \\ s_3 & c_3 & 0 & L_3 s_3 \\ 0 & 0 & 1 & 0 \\ 0 & 0 & 0 & 1 \end{bmatrix}, \quad {}_{4}^{1}\boldsymbol{T} = \begin{bmatrix} c_{23} & -s_{23} & 0 & L_3 c_{23} + L_2 c_2 + L_1 \\ s_{23} & c_{23} & 0 & L_3 s_{23} + L_2 s_2 \\ 0 & 0 & 1 & 0 \\ 0 & 0 & 0 & 1 \end{bmatrix}
$$

$$
{}_{4}^{0}\boldsymbol{T} = \begin{bmatrix} c_{123} & -s_{123} & 0 & L_3 c_{123} + L_2 c_{12} + L_1 c_1 \\ s_{123} & c_{123} & 0 & L_3 s_{123} + L_2 s_{12} + L_1 s_1 \\ 0 & 0 & 1 & 0 \\ 0 & 0 & 0 & 1 \end{bmatrix}, \quad {}_{4}^{0}\boldsymbol{R} = \begin{bmatrix} c_{123} & -s_{123} & 0 \\ s_{123} & c_{123} & 0 \\ 0 & 0 & 1 \end{bmatrix} \tag{3.44}
$$

（3）记第 4 个相对坐标系下的雅可比矩阵 ${}^{4}\boldsymbol{J} = [\boldsymbol{J}_1 \quad \boldsymbol{J}_2 \quad \boldsymbol{J}_3]$，其中 $\boldsymbol{J}_i = [\boldsymbol{J}_{li} \quad \boldsymbol{J}_{mi}]^{\mathrm{T}}$ 对应 ${}^{4}\boldsymbol{J}$ 的第 i 列，表示第 i 个关节角速度对末端执行器线速度和角速度的影响。

求 $\boldsymbol{J}_1$：

$$
{}_{4}^{1}\boldsymbol{T} = \begin{matrix} n & o & a & p \\ \begin{bmatrix} c_{23} & -s_{23} & 0 & L_3 c_{23} + L_2 c_2 + L_1 \\ s_{23} & c_{23} & 0 & L_3 s_{23} + L_2 s_2 \\ 0 & 0 & 1 & 0 \\ 0 & 0 & 0 & 1 \end{bmatrix} \end{matrix}, \quad \text{则 } \boldsymbol{J}_{m1} = \begin{bmatrix} n_z \\ o_z \\ a_z \end{bmatrix} = \begin{bmatrix} 0 \\ 0 \\ 1 \end{bmatrix},
$$

$$
\boldsymbol{J}_{l1} = \begin{bmatrix} (p \times n)_z \\ (p \times o)_z \\ (p \times a)_z \end{bmatrix} = \begin{bmatrix} p_x n_y - p_y n_x \\ p_x o_y - p_y o_x \\ p_x a_y - p_y a_x \end{bmatrix} = \begin{bmatrix} L_2 s_3 + L_1 s_{23} \\ L_1 c_{23} + L_2 c_3 + L_3 \\ 0 \end{bmatrix}, \quad \text{而 } \boldsymbol{J}_1 = \begin{bmatrix} \boldsymbol{J}_{l1} \\ \boldsymbol{J}_{m1} \end{bmatrix}。
$$

求 J_2：

$$_4^2T = \begin{bmatrix} c_3 & -s_3 & 0 & L_3c_3 + L_2 \\ s_3 & c_3 & 0 & L_3s_3 \\ 0 & 0 & 1 & 0 \\ 0 & 0 & 0 & 1 \end{bmatrix}, \quad 同理可得\ J_{m2} = \begin{bmatrix} 0 \\ 0 \\ 1 \end{bmatrix}, \quad J_{l2} = \begin{bmatrix} L_2s_3 \\ L_2c_3 + L_3 \\ 0 \end{bmatrix}, \quad 而\ J_2 = \begin{bmatrix} J_{l2} \\ J_{m2} \end{bmatrix}。$$

求 J_3：

$$_4^3T = \begin{bmatrix} 1 & 0 & 0 & L_3 \\ 0 & 1 & 0 & 0 \\ 0 & 0 & 1 & 0 \\ 0 & 0 & 0 & 1 \end{bmatrix}, \quad 同理可得\ J_{m3} = \begin{bmatrix} 0 \\ 0 \\ 1 \end{bmatrix}, \quad J_{l3} = \begin{bmatrix} 0 \\ L_3 \\ 0 \end{bmatrix}, \quad 而\ J_3 = \begin{bmatrix} J_{l3} \\ J_{m3} \end{bmatrix}。$$

（4）$^4J = [J_1 \quad J_2 \quad J_3] = \begin{bmatrix} L_2s_3 + L_1s_{23} & L_2s_3 & 0 \\ L_1c_{23} + L_2c_3 + L_3 & L_2c_3 + L_3 & L_3 \\ 0 & 0 & 0 \\ 0 & 0 & 0 \\ 0 & 0 & 0 \\ 1 & 1 & 1 \end{bmatrix}$，但这是在第 4 个相对坐标系

下的表述，需转换到基坐标系下：

$$^0J = \begin{bmatrix} _4^0R & 0 \\ 0 & _4^0R \end{bmatrix} {}^4J = \begin{bmatrix} c_{123} & -s_{123} & 0 & 0 & 0 & 0 \\ s_{123} & c_{123} & 0 & 0 & 0 & 0 \\ 0 & 0 & 1 & 0 & 0 & 0 \\ 0 & 0 & 0 & c_{123} & -s_{123} & 0 \\ 0 & 0 & 0 & s_{123} & c_{123} & 0 \\ 0 & 0 & 0 & 0 & 0 & 1 \end{bmatrix} \qquad (3.45)$$

$$^4J = \begin{bmatrix} -l_1\sin\theta_1 - l_2\sin(\theta_1+\theta_2) - l_3\sin(\theta_1+\theta_2+\theta_3) & -l_2\sin(\theta_1+\theta_2) - l_3\sin(\theta_1+\theta_2+\theta_3) & -l_3\sin(\theta_1+\theta_2+\theta_3) \\ l_1\cos\theta_1 + l_2\cos(\theta_1+\theta_2) + l_3\cos(\theta_1+\theta_2+\theta_3) & l_2\cos(\theta_1+\theta_2) + l_3\cos(\theta_1+\theta_2+\theta_3) & l_3\cos(\theta_1+\theta_2+\theta_3) \\ 0 & 0 & 0 \\ 0 & 0 & 0 \\ 0 & 0 & 0 \\ 1 & 1 & 1 \end{bmatrix}$$

$$(3.46)$$

综上可知其雅可比矩阵为

$$J = \begin{bmatrix} -l_1\sin\theta_1 - l_2\sin(\theta_1+\theta_2) - l_3\sin(\theta_1+\theta_2+\theta_3) & -l_2\sin(\theta_1+\theta_2) - l_3\sin(\theta_1+\theta_2+\theta_3) & -l_3\sin(\theta_1+\theta_2+\theta_3) \\ l_1\cos\theta_1 + l_2\cos(\theta_1+\theta_2) + l_3\cos(\theta_1+\theta_2+\theta_3) & l_2\cos(\theta_1+\theta_2) + l_3\cos(\theta_1+\theta_2+\theta_3) & l_3\cos(\theta_1+\theta_2+\theta_3) \\ 0 & 0 & 0 \\ 0 & 0 & 0 \\ 0 & 0 & 0 \\ 1 & 1 & 1 \end{bmatrix}$$

$$(3.47)$$

两种方法结果一致。注：$\boldsymbol{J}$ 的前三行代表对末端线速度的传递比，后三行表示对末端角速度的传递比。

3．雅可比矩阵的应用——已知末端速度求关节角速度

如图 3.9 所示，设置目标点为 (x, y, α)，其中 α 表示末端连杆与 x 轴的夹角。

由 $\dot{\boldsymbol{x}} = \boldsymbol{J}(q)\dot{\boldsymbol{q}}$，其中 $\dot{\boldsymbol{x}} = \begin{bmatrix} \dot{x} \\ \dot{y} \\ \dot{\alpha} \end{bmatrix}$ 表示末端速度，

$\dot{\boldsymbol{q}} = \begin{bmatrix} \dot{\theta}_1 \\ \dot{\theta}_2 \\ \dot{\theta}_3 \end{bmatrix}$ 表示关节角速度，$\boldsymbol{J}(q)$ 表示雅可比矩阵

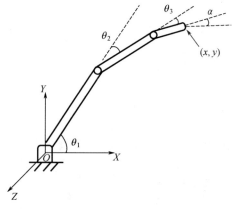

图 3.9　雅可比矩阵应用——求解关节角速度

$$\begin{bmatrix} -l_1 \sin\theta_1 - l_2 \sin(\theta_1 + \theta_2) - l_3 \sin(\theta_1 + \theta_2 + \theta_3) & -l_2 \sin(\theta_1 + \theta_2) - l_3 \sin(\theta_1 + \theta_2 + \theta_3) & -l_3 \sin(\theta_1 + \theta_2 + \theta_3) \\ l_1 \cos\theta_1 + l_2 \cos(\theta_1 + \theta_2) + l_3 \cos(\theta_1 + \theta_2 + \theta_3) & l_2 \cos(\theta_1 + \theta_2) + l_3 \cos(\theta_1 + \theta_2 + \theta_3) & l_3 \cos(\theta_1 + \theta_2 + \theta_3) \\ 1 & 1 & 1 \end{bmatrix}$$

所以 $\dot{\boldsymbol{q}} = \boldsymbol{J}^{-1} \dot{\boldsymbol{x}}$，代入求解即可。

3.4　习　　题

1．简述机器人运动学的作用。
2．简述逆运动学常用的求解方法。
3．简述雅可比矩阵的作用。
4．用一个实例描述 DH 参数的应用。

第4章

机器人动力学

4.1 机器人动力学概述

机器人动力学是研究和分析机器人运动的分支学科。它主要关注机器人在不同外力作用下的运动行为，尤其是机器人关节、连杆和其他部件如何在力和扭矩的作用下移动。动力学分析对设计和控制机器人非常重要，确保机器人能够精确、有效地执行各种任务。动力学研究可用于控制设计，动力学模型可用于设计力矩控制器，通过逆动力学求解得到所需的关节力矩，也可用于路径规划和仿真分析。规划机械臂的轨迹时，利用动力学模型确保轨迹执行时所需的力矩在可行范围内。利用动力学模型进行仿真，分析机械臂在不同负载和环境下的运动特性。

4.1.1 机器人动力学研究内容

机器人动力学研究的内容广泛而复杂，涵盖从理论研究到实际应用的多个方面，是机器人技术发展的核心基础之一。主要内容包括如下几方面。

1. 动力学建模

动力学建模研究机器人在力和扭矩作用下的运动行为。建模的准确性直接影响后续控制和仿真结果。

牛顿-欧拉方程：描述刚体的线性和角运动，适用于刚性机器人。

拉格朗日动力学：是基于能量的方法，通过动能和势能推导机器人系统的运动方程，适用于多自由度系统。

哈密顿动力学：也是基于能量的方法，用哈密顿函数描述系统的状态演化。

2. 正动力学和逆动力学

正动力学：已知机器人的力和扭矩，计算机器人的运动状态（如速度、加速度、位移）。

逆动力学：已知期望的运动状态，计算需要施加的力和扭矩。这对控制器设计和机器人运动控制非常关键。

3. 刚体动力学

研究刚性机器人的运动和受力关系，主要用于工业机器人和刚体机构的分析。

刚体运动方程：描述刚体在外力作用下的运动，包括质心运动和旋转运动。

惯性矩阵：描述机器人的质量分布特性，是动力学方程的重要组成部分。

4．柔性和顺应性动力学

研究柔性机器人的运动行为，如包含弹性、柔性材料的机器人系统，这类动力学更为复杂。

柔性链动力学：分析带有弹性连杆或关节的机器人系统的运动行为。

软体机器人动力学：研究由软材料构成的机器人，通常使用有限元方法建模和分析。

5．力控制与接触动力学

研究机器人与外界环境的交互行为，特别是在有物理接触的情况下。

力/位置混合控制：在机器人任务中同时控制位置和力，如抓取、装配任务。

碰撞检测与响应：通过动力学模型预测并响应机器人与外界的碰撞。

6．非线性动力学

大多数机器人系统具有非线性特性，研究非线性系统的动力学行为是动力学研究的重要内容。

非线性系统分析：研究系统的稳定性、分岔行为和极限环等非线性现象。

非线性控制：设计和应用针对非线性动力学系统的控制策略，如滑模控制、李雅普诺夫函数等。

7．能量分析与优化

研究机器人系统的能量流动和转化过程，优化系统能量效率。

能量管理：优化机器人的能量使用，延长电池续航时间。

能量回收：开发能量回收机制，如再生制动，以提高系统效率。

8．环境动力学交互

研究机器人与操作环境之间的动力学交互，特别是涉及柔性物体、流体动力学等复杂环境的情况。

水下机器人动力学：分析水下环境对机器人运动的影响，包括浮力、阻力等因素。

空气动力学：对于飞行机器人，分析空气动力对其运动的影响。

由此可见，机器人动力学研究的内容十分广泛，本书主要针对移动机器人和机械臂刚体动力学模型展开说明。

▶▶ 4.1.2　机器人动力学研究意义

1．优化机器人设计

动力学研究为机器人结构设计提供了理论基础。通过动力学分析，可以优化机器人部件的布局、材料选择和形状设计，以提高机器人的性能，如运动速度、负载能力和能量效率。这对开发高性能机器人系统，如工业机器人、服务机器人等，具有重要意义。

2．运动预测和控制

动力学模型能够预测机器人在给定力和扭矩作用下的运动行为，这对机器人控制至关重要。通过准确的动力学分析，可以设计出精确的控制策略，使机器人能够按照预定的轨迹运动，完成各种复杂任务。

3．提升机器人交互能力

在人机交互、机器人与环境的物理交互中，动力学分析起着关键作用。动力学模型帮助设计顺应性控制和力反馈控制策略，使机器人能够自然、安全地与人类或环境互动。例如，手术机器人需要精确控制施加的力，而服务机器人需要与人类安全互动。

4．保障机器人操作的安全性

动力学分析有助于确保机器人操作的安全性，特别是在涉及高速度、大力矩或与人类协作的场景中。实时计算和监控机器人运动中的力和扭矩，可以防止机器人发生危险操作，如碰撞、失稳或超负荷，从而提高系统的安全性和可靠性。

5．支持机器人仿真与虚拟测试

动力学模型是机器人仿真的核心。研究人员利用仿真可以在虚拟环境中测试和优化机器人系统的设计和控制策略，从而在实际制造和部署之前识别和解决潜在问题。这不仅节省了开发成本，还提高了机器人系统的质量和性能。

6．实现复杂任务规划

动力学分析是机器人执行复杂任务的基础。通过逆动力学计算，机器人能够根据期望的运动轨迹计算所需的力和扭矩，从而实现复杂的运动规划，如多自由度机械臂的操作、移动机器人的路径规划等。

7．促进新型机器人研发

动力学研究推动了新型机器人的开发，如柔性机器人、软体机器人和微型机器人。传统的刚体动力学模型无法完全适用于这些新型机器人，而深入的动力学分析可帮助开发适应这些新系统的控制和设计方法，从而拓展机器人应用的边界。

8．推动自主机器人技术发展

自主机器人需要在未知和动态的环境中独立做出决策和行动。动力学模型帮助这些机器人实时计算自身状态和环境交互力，从而进行自主运动控制和决策。这对实现无人驾驶、无人机、自主移动机器人等应用至关重要。

9．提高能量效率

动力学分析有助于优化机器人的能量消耗。例如，通过分析机器人在执行任务过程中的动力学行为，可以设计更高效的运动路径和控制策略，减少能量浪费。这对移动机器人、长时间运行的工业机器人等尤其重要。

10．提供故障诊断和维护支持

通过对机器人的动力学行为进行监测和分析，可以识别潜在的故障或异常行为。例如，当某个部件的动力学响应与预期不符时，通过动力学模型分析找出可能的故障原因，从而提高机器人系统的维护和故障诊断能力。

综上所述，机器人动力学不仅是机器人系统设计和控制的基础，还在提升机器人性能、安全性、能效、与环境的交互能力以及支持新型机器人开发等方面发挥了重要作用。

4.2 机器人动力学模型

常见的机器人动力学模型主要用于描述和分析机器人在不同情况下的运动行为和力学特性。这些模型为机器人设计、控制和仿真提供了理论支持。

在多自由度机器人系统中，这些模型通常使用递推算法来计算各关节和链节的动力学行为。前向递推是从基座到末端执行器，依次计算每个关节和链节的线速度、角速度、线加速度和角加速度。反向递推是从末端执行器到基座，依次计算每个关节和链节的力和扭矩。

下面介绍常见的几种机器人动力学模型。

4.2.1 牛顿-欧拉模型

牛顿-欧拉模型是一种经典的动力学建模方法，主要用于描述刚体的运动状态，特别适合分析和控制机器人系统中的关节力矩和末端执行器的运动。该方法的优点是高效，递推算法可以有效地计算多自由度机器人的动力学，特别是在实时控制中；适用性广泛，可适用于大多数刚性机器人系统，包括机械臂和移动机器人。其缺点是在处理非刚性或柔性机器人时，需要扩展或结合其他模型使用；模型精度依赖系统质量、惯性等参数的精确性。

牛顿-欧拉模型可用于设计机器人控制器，特别是在实时控制中，用于计算所需的关节力和扭矩。在机器人仿真中，用于验证和优化机器人设计，以及进行性能分析。牛顿-欧拉模型是机器人动力学中最基础也最常用的模型，它为分析和控制机器人运动提供了坚实的理论基础。

牛顿-欧拉模型基于牛顿第二定律和欧拉方程来推导机器人的运动方程。

1.基本概念

牛顿第二定律：描述质点的线性运动，定义为

$$F = ma \tag{4.1}$$

其中，F 是作用在物体上的合力，m 是物体的质量，a 是质心的加速度。

欧拉旋转方程：描述刚体的角运动，定义为

$$\tau = I\dot{\omega} + \omega \times (I\omega) \tag{4.2}$$

其中，τ 是作用在刚体上的总扭矩，I 是刚体的惯性矩阵，ω 是刚体的角速度。

2. 牛顿-欧拉方程

牛顿-欧拉模型将上述两个方程结合起来，描述刚体在外力和扭矩作用下的运动行为。对机器人系统中的每个关节和连接部分（链节），分别建立以下两个方程。

线性运动方程：

$$F_i = m_i a_i \tag{4.3}$$

其中，F_i 是作用在第 i 个链节上的合力，m_i 是第 i 个链节的质量，a_i 是第 i 个链节质心的加速度。

角运动方程：

$$\tau_i = I_i \dot{\omega}_i + \omega_i \times (I_i \omega_i) \tag{4.4}$$

其中，τ_i 是作用在第 i 个链节上的合扭矩，I_i 是第 i 个链节的惯性矩阵，ω_i 是第 i 个链节的角速度，$\dot{\omega}_i$ 是第 i 个链节的角加速度。

4.2.2 拉格朗日模型

机器人动力学中的拉格朗日模型是一种通过能量方法描述和分析机器人运动的数学模型。它基于拉格朗日力学理论，该理论通过计算系统的动能和势能推导出系统的运动方程。拉格朗日模型广泛应用于机器人控制和仿真，因为它可以处理多自由度系统，并且比牛顿力学方法更容易处理复杂的约束条件。

在机器人动力学中，拉格朗日模型被广泛用于分析和控制。对于一个具有多个自由度的机器人，如机械臂，每个关节的角度可以作为广义坐标，整个机械臂的运动则由这些广义坐标的变化来描述。

拉格朗日模型主要基于以下步骤。

1. 定义广义坐标（Generalized Coordinates）

广义坐标 q_i 是描述系统状态的变量，通常代表位置、角度等。对于一个 n 自由度的系统，广义坐标 $q = [q_1, q_2, \cdots, q_n]^T$。

2. 计算动能 T

系统的总动能 T 是所有质量元件的动能之和。对于一个机器人或机械系统，动能可以分为线动能和角动能：

$$T = \frac{1}{2} \sum_{i=1}^{n} m_i \dot{q}_i^{\ 2} + \frac{1}{2} \sum_{i=1}^{n} I_i \dot{\theta}_i^2 \tag{4.5}$$

其中，m_i 是第 i 个质量元件的质量，$\dot{q}_i$ 是线速度，I_i 是转动惯量，$\dot{\theta}_i$ 是角速度。

3. 计算势能 U

势能 U 通常与重力、弹簧力等保守力相关。对于一个机器人系统，势能可能包括引力势能和弹性势能：

$$U = \sum_{i=1}^{n} m_i g h_i + \sum_{j=1}^{m} \frac{1}{2} k_j (q_j - q_{j,0})^2 \tag{4.6}$$

其中，g 是重力加速度，h_i 是系统中第 i 个质量块的高度，k_j 是弹簧系数，$q_{j,0}$ 是弹簧的自然长度。

4. 构建拉格朗日函数 L

拉格朗日函数 L 定义为动能与势能之差：

$$L(\boldsymbol{q}, \dot{\boldsymbol{q}}) = T(\boldsymbol{q}, \dot{\boldsymbol{q}}) - U(\boldsymbol{q}) \tag{4.7}$$

5. 应用拉格朗日方程

使用拉格朗日方程导出系统的运动方程：

$$\frac{\mathrm{d}}{\mathrm{d}t}\left(\frac{\partial L}{\partial \dot{q}_i}\right) - \frac{\partial L}{\partial q_i} = Q_i \tag{4.8}$$

其中，Q_i 是系统中的广义力，代表作用在系统上的外部力或非保守力。

6. 求解运动方程

上面得到的运动方程通常是二阶微分方程，代表系统的运动学行为。求解这些方程，可以得到系统的运动学特性，如位置、速度和加速度。

4.2.3 基于关节空间的机器人动力学模型

基于关节空间的机器人动力学模型主要用于描述和分析机器人各个关节的运动行为及其与施加在关节上的力矩之间的关系。这个模型通常采用拉格朗日动力学方法来推导，并在机器人控制和规划中得到广泛应用。

1. 关节空间

关节空间是指机器人每个独立关节的角度（对于旋转关节）或位移（对于平移关节）所形成的空间。每个关节的角度或位移用广义坐标 $\boldsymbol{q} = [q_1, q_2, \cdots, q_n]^{\mathrm{T}}$ 表示，其中 n 是机器人的自由度。

基于关节空间的机器人动力学模型描述关节力矩与关节角度、角速度、角加速度之间的关系。一般形式的动力学方程为

$$\boldsymbol{\tau} = \boldsymbol{M}(\boldsymbol{q})\ddot{\boldsymbol{q}} + \boldsymbol{C}(\boldsymbol{q}, \dot{\boldsymbol{q}})\dot{\boldsymbol{q}} + \boldsymbol{G}(\boldsymbol{q}) + \boldsymbol{F}(\dot{\boldsymbol{q}}) \tag{4.9}$$

（1）关节力矩向量 $\boldsymbol{\tau}$

关节力矩向量 $\boldsymbol{\tau}$ 表示每个关节所需的力矩或力。

（2）惯性矩阵 $\boldsymbol{M}(\boldsymbol{q})$

惯性矩阵 $\boldsymbol{M}(\boldsymbol{q})$ 是一个对称的 $n \times n$ 矩阵，是关节加速度对关节力矩的映射，表示系统中各个关节的惯性与质量分布。它取决于机器人的结构和质量参数，可以通过机器人各个连杆的惯性张量和质心位置计算得到。

$$\boldsymbol{M}(\boldsymbol{q}) = \begin{bmatrix} M_{11}(\boldsymbol{q}) & M_{12}(\boldsymbol{q}) & \dots & M_{1n}(\boldsymbol{q}) \\ M_{21}(\boldsymbol{q}) & M_{22}(\boldsymbol{q}) & \dots & M_{2n}(\boldsymbol{q}) \\ \vdots & \vdots & & \vdots \\ M_{n1}(\boldsymbol{q}) & M_{n2}(\boldsymbol{q}) & \dots & M_{nn}(\boldsymbol{q}) \end{bmatrix} \tag{4.10}$$

（3）科里奥利力和离心力矢量 $\boldsymbol{C}(\boldsymbol{q},\dot{\boldsymbol{q}})\dot{\boldsymbol{q}}$

该矢量描述关节间的速度耦合效应，其元素由机器人各个连杆的相对运动引起的惯性效应决定。对于每个关节 i，它可以表示为

$$\boldsymbol{C}(\boldsymbol{q},\dot{\boldsymbol{q}})\dot{\boldsymbol{q}} = \sum_{j=1}^{n}\sum_{k=1}^{n} c_{ijk}(\boldsymbol{q})\dot{q}_j \dot{q}_k \tag{4.11}$$

其中，$c_{ijk}(\boldsymbol{q})$ 是与惯性矩阵的导数相关的科里奥利力和离心力系数。

（4）重力矢量 $\boldsymbol{G}(\boldsymbol{q})$

重力矢量 $\boldsymbol{G}(\boldsymbol{q})$ 计算重力引起的各个关节的力矩，它依赖机器人各个连杆的质量和质心位置，并且仅取决于关节位置 $\boldsymbol{q}$：

$$\boldsymbol{G}(\boldsymbol{q}) = \begin{bmatrix} G_1(\boldsymbol{q}) \\ G_2(\boldsymbol{q}) \\ \vdots \\ G_n(\boldsymbol{q}) \end{bmatrix} \tag{4.12}$$

（5）摩擦力矩 $\boldsymbol{F}(\dot{\boldsymbol{q}})$

摩擦力矩 $\boldsymbol{F}(\dot{\boldsymbol{q}})$ 描述关节中的阻尼和摩擦力。通常，它可以表示为线性摩擦力（与速度成比例）和库仑摩擦力的组合：

$$\boldsymbol{F}(\dot{\boldsymbol{q}}) = \boldsymbol{B}\dot{\boldsymbol{q}} + \boldsymbol{\tau}_c \mathrm{sign}(\dot{\boldsymbol{q}}) \tag{4.13}$$

其中，$\boldsymbol{B}$ 是阻尼系数矩阵，$\boldsymbol{\tau}_c$ 是库仑摩擦系数。

2．推导步骤

在关节空间中推导动力学模型的主要步骤如下。

（1）确定广义坐标和广义速度

定义关节角度 $\boldsymbol{q}$ 和关节角速度 $\dot{\boldsymbol{q}}$ 分别作为广义坐标和广义速度。

（2）计算动能和势能

使用机器人连杆的质心位置和转动惯量来计算系统的动能 $T(\boldsymbol{q},\dot{\boldsymbol{q}})$ 和势能 $U(\boldsymbol{q})$。

（3）构建拉格朗日函数 $L(\boldsymbol{q},\dot{\boldsymbol{q}})$

根据 $L = T - U$ 计算拉格朗日函数。

（4）应用拉格朗日方程

使用拉格朗日方程 $\dfrac{\mathrm{d}}{\mathrm{d}t}\left(\dfrac{\partial L}{\partial \dot{q}_i}\right) - \dfrac{\partial L}{\partial q_i} = \tau_i$ 推导出关节空间中的动力学方程。

（5）提取动力学模型的各个部分

通过比较推导出的方程与标准形式，可以确定惯性矩阵 $\boldsymbol{M}(\boldsymbol{q})$、科里奥利力和离心力项 $\boldsymbol{C}(\boldsymbol{q},\dot{\boldsymbol{q}})$、重力矢量 $\boldsymbol{G}(\boldsymbol{q})$ 以及摩擦力矩 $\boldsymbol{F}(\dot{\boldsymbol{q}})$。

关节空间的动力学模型广泛应用于机器人控制，例如：

逆运动学：给定期望的关节加速度，计算所需的关节力矩 $\boldsymbol{\tau}$。

运动控制：设置控制器来跟踪期望的关节轨迹。

运动学仿真：预测机器人在给定力矩输入下的运动行为。

4.3 轮式车体机器人动力学模型

轮式车体机器人的动力学模型用于描述和分析机器人的运动行为，尤其是轮式车体机器人在平面上运动时的动力学关系。该模型考虑了机器人的几何结构、轮子与地面的相互作用及驱动电机的动力输入，广泛应用于移动机器人导航、控制和路径规划。

下面以三轮全向移动机器人为例说明动力学模型建模过程。动力学模型基于牛顿第二定律和力矩平衡定律，考虑驱动力、惯性力及轮子的运动特性。

假设全向轮移动机器人具有以下结构和特性。

三个全向轮：分别安装在机器人底盘的三个顶点处，轮子的布局通常呈等边三角形，轮子编号为1、2、3。

质心位置：机器人的质心位于底盘中心，整体质量为 M。

轮子半径：每个轮子的半径为 r。

轮子间距：每个轮子到质心的距离都为 L。

角速度：机器人绕垂直于运动平面的 z 轴的角速度为 ω。

全向轮运动特性：每个全向轮都能够在任意方向提供驱动力。

在全向轮移动机器人中，假设每个轮子的角速度分别为 $\omega_1, \omega_2, \omega_3$，则机器人在平面上的线速度 v_x、v_y 和角速度 ω 与各轮子速度之间的关系为

$$\begin{bmatrix} v_x \\ v_y \\ \omega \end{bmatrix} = \frac{r}{3L} \begin{bmatrix} 2 & -1 & -1 \\ 0 & \sqrt{3} & -\sqrt{3} \\ -1 & -1 & -1 \end{bmatrix} \begin{bmatrix} \omega_1 \\ \omega_2 \\ \omega_3 \end{bmatrix} \tag{4.14}$$

1. 力和加速度的关系

假设三个轮子上的驱动力分别为 F_1, F_2, F_3，则机器人质心的线加速度 $\ddot{x}$、$\ddot{y}$ 和角加速度 $\ddot{\theta}$ 与这些驱动力之间的关系为

$$M\ddot{x} = F_x = F_1\cos 0° + F_2\cos 120° + F_3\cos 240°$$

$$M\ddot{y} = F_y = F_1\sin 0° + F_2\sin 120° + F_3\sin 240° \tag{4.15}$$

$$I_z\ddot{\theta} = -L(F_1 + F_2 + F_3)$$

在矩阵形式下表示为

$$\begin{bmatrix} M & 0 & 0 \\ 0 & M & 0 \\ 0 & 0 & I_z \end{bmatrix} \begin{bmatrix} \ddot{x} \\ \ddot{y} \\ \ddot{\theta} \end{bmatrix} = \begin{bmatrix} F_x \\ F_y \\ \tau_z \end{bmatrix} = \frac{r}{L} \begin{bmatrix} 1 & -\dfrac{1}{2} & -\dfrac{1}{2} \\ 0 & \dfrac{\sqrt{3}}{2} & -\dfrac{\sqrt{3}}{2} \\ -1 & -1 & -1 \end{bmatrix} \begin{bmatrix} F_1 \\ F_2 \\ F_3 \end{bmatrix} \tag{4.16}$$

2. 轮子驱动力与电机输入力矩的关系

轮子上的驱动力 F_i 与电机输入力矩 τ_i 的关系为

$$F_i = \frac{\tau_i}{r} \tag{4.17}$$

将其代入力平衡方程,可以得到机器人加速度与电机输入力矩的关系:

$$M\ddot{x} = \frac{\tau_1}{r} - \frac{\tau_2}{2r} - \frac{\tau_3}{2r}$$

$$M\ddot{y} = \frac{\sqrt{3}}{2}\left(\frac{\tau_2}{r} - \frac{\tau_3}{r}\right)$$

$$I_z\ddot{\theta} = -\frac{L}{r}\left(\tau_1 + \tau_2 + \tau_3\right) \tag{4.18}$$

3. 综合动力学方程

最终,综合各个方向上的动力学关系,可以得到完整的动力学方程:

$$\begin{bmatrix} M\ddot{x} \\ M\ddot{y} \\ I_z\ddot{\theta} \end{bmatrix} = \frac{1}{r}\begin{bmatrix} 1 & -\dfrac{1}{2} & -\dfrac{1}{2} \\ 0 & \dfrac{\sqrt{3}}{2} & -\dfrac{\sqrt{3}}{2} \\ -L & -L & -L \end{bmatrix}\begin{bmatrix} \tau_1 \\ \tau_2 \\ \tau_3 \end{bmatrix} \tag{4.19}$$

基于上述动力学模型,可以设计以下控制策略。

力矩控制: 根据需要的加速度 $\ddot{x}$、$\ddot{y}$、$\ddot{\theta}$ 计算各电机的输入力矩 τ_1、τ_2、τ_3。

速度控制: 通过控制轮子角速度 ω_1、ω_2、ω_3 实现对机器人的线速度和角速度的控制。

路径跟踪: 在已知轨迹下,实时调整电机输出,使机器人沿预定路径移动。

通过详细的动力学分析,可以为机器人设计更加精准和高效的控制算法,以满足各种复杂任务的需求。

4.4　机械臂动力学模型

机械臂的动力学模型描述机械臂在运动过程中关节力矩与关节运动之间的关系。三自由度机械臂(即三轴机械臂)是常见的机器人系统,具有三个旋转关节,通常用于简单的操作任务,如拾取和放置。三自由度机械臂的动力学模型在设计控制器和执行路径规划时非常关键。本书以三自由度机械臂为例说明机械臂的动力学建模过程。

1. 系统描述

假设三自由度机械臂由三个关节组成,每个关节都有一个旋转自由度,机械臂由三段连杆(Link1、Link2、Link3)连接而成,末端执行器连接在第三段连杆的末端。

关节变量: θ_1、θ_2、θ_3 分别表示三个关节的旋转角度。

连杆长度: l_1、l_2、l_3 分别表示三个连杆的长度。

质心位置: 假设每个连杆的质心在其长度的中心处。

惯性矩: 每个连杆的惯性矩分别为 I_1、I_2、I_3。

质量： 每个连杆的质量分别为 m_1、m_2、m_3。

2. 拉格朗日动力学建模

拉格朗日动力学模型通过系统的动能和势能来推导机械臂的动力学方程。

（1）动能

动能 T 由每个连杆的平均动能和转动动能组成：

$$T = \frac{1}{2}\sum_{i=1}^{3} m_i v_{ci} v_{ci} + \frac{1}{2}\sum_{i=1}^{3} \omega_i I_i \omega_i \qquad (4.20)$$

其中，v_{ci} 是第 i 个连杆质心的线速度，ω_i 是第 i 个连杆的角速度。

对于三自由度机械臂，其动能可以通过关节速度 $\dot{\theta}_1$、$\dot{\theta}_2$、$\dot{\theta}_3$ 以及连杆的物理参数计算得到。

（2）势能

势能 V 由各个连杆的重力势能组成：

$$V = \sum_{i=1}^{3} m_i g h_i \qquad (4.21)$$

其中，h_i 是第 i 个连杆质心的高度。

（3）拉格朗日方程

拉格朗日函数 $L = T - V$，应用拉格朗日方程：

$$\frac{\mathrm{d}}{\mathrm{d}t}\left(\frac{\partial L}{\partial \dot{\theta}_i}\right) - \frac{\partial L}{\partial \theta_i} = \tau_i \quad (i = 1,2,3) \qquad (4.22)$$

将 T 和 V 代入后，可以得到关于 θ_1、θ_2、θ_3 的三个动力学方程。

3. 动力学方程的表示

动力学方程通常表示为

$$M(q)\ddot{q} + C(q,\dot{q})\dot{q} + G(q) = \tau \qquad (4.23)$$

质量矩阵 $M(q)$： 一个 3×3 矩阵，表示惯性项。

科里奥利力和离心力矢量 $C(q,\dot{q})\dot{q}$： 表示关节速度引起的非线性效应。

重力矢量 $G(q)$： 表示重力作用在关节上的力矩。

力矩向量 τ： 表示每个关节上的控制力矩。

4. 具体推导

假设已知机械臂的连杆长度和质心位置，具体推导过程如下。

（1）质量矩阵 $M(q)$

质量矩阵 $M(q)$ 由各个连杆的质量和惯性组成，通常具有如下形式：

$$M(q) = \begin{bmatrix} M_{11} & M_{12} & M_{13} \\ M_{21} & M_{22} & M_{23} \\ M_{31} & M_{32} & M_{33} \end{bmatrix} \qquad (4.24)$$

其中每个 M_{ij} 元素表示机械臂第 i 个和第 j 个关节之间的惯性耦合。

（2）科里奥利力和离心力矢量 $C(q,\dot{q})\dot{q}$

此矢量通常表示为关节速度的二次项，它表示由关节之间的耦合和速度引起的力：

$$C(q,\dot{q})\dot{q} = \begin{bmatrix} C_{11} & C_{12} & C_{13} \\ C_{21} & C_{22} & C_{23} \\ C_{31} & C_{32} & C_{33} \end{bmatrix} \begin{bmatrix} \dot{\theta}_1 \\ \dot{\theta}_2 \\ \dot{\theta}_3 \end{bmatrix} \qquad （4.25）$$

（3）重力矢量 $G(q)$

重力矢量 $G(q)$ 表示重力作用在关节上的力矩，通常与关节角度 θ_1、θ_2、θ_3 有关：

$$G(q) = \begin{bmatrix} G_1(\theta_1,\theta_2,\theta_3) \\ G_2(\theta_1,\theta_2,\theta_3) \\ G_3(\theta_1,\theta_2,\theta_3) \end{bmatrix} \qquad （4.26）$$

三自由度机械臂的动力学模型是通过拉格朗日方法推导的。该模型包括质量矩阵、科里奥利力和离心力矢量及重力矢量。利用这些动力学方程，可以分析和设计机械臂的运动控制系统，实现精确的路径跟踪和姿态控制。

4.5　习　　题

1．简述机器人动力学的作用。
2．说明常用的动力学模型。
3．简述动力学研究的内容。
4．用一个实例说明动力学模型的建立过程。

第 **5** 章

机器人轨迹规划

5.1 机器人轨迹规划概述

机器人轨迹规划是机器人控制和操作的关键部分，涉及从初始位置到目标位置的路径规划，以确保机器人能够在给定约束条件下高效、准确地完成任务。轨迹规划广泛应用于工业机器人、移动机器人、服务机器人等多个领域。

轨迹规划指在规划路径的基础上生成符合机器人运动学和动力学约束的轨迹，生成的轨迹需要平滑、可执行，并考虑机器人本身的运动限制，如最大速度、最大加速度等。可以对生成的轨迹进行优化，使机器人以最优的方式完成任务。优化目标包括最少化时间、最小化能量消耗、最短路径长度或提升轨迹平滑性等。

机器人轨迹规划是确保机器人高效、精确完成任务的核心技术，涉及路径规划、时间分配、轨迹优化和实际执行等多个方面。综合考虑约束条件和目标需求，利用各种规划和优化方法，能够实现机器人在各种应用场景中的智能操作。

机器人轨迹规划的主要内容如下。

1. 任务描述

初始和目标状态：明确机器人的起始位置、姿态、速度和加速度要求，以及目标位置、姿态、速度和加速度要求。

约束条件：定义任务的各种约束条件，包括关节限制、速度和加速度限制、障碍物避让等。

任务目标：设定任务的优化目标，如最短路径、最小能耗、最少时间等。

2. 路径规划

路径定义：在工作空间或关节空间中定义机器人应遵循的路径。路径是一个几何对象，描述机器人从初始位置到目标位置的移动方式。

插值方法：直线插值，在两个关键点之间生成直线路径，简单且计算量小；样条插值，使用样条曲线（如 B 样条曲线、贝塞尔曲线）生成平滑路径，适用于复杂路径。

配置空间：考虑机器人的运动限制，路径规划需要在配置空间中进行，避免碰撞和其他约束。

3．时间分配

时间曲线：为路径中的每个点分配时间，得到轨迹。需要考虑速度和加速度限制。

时间优化：恒定速度，假设机器人以恒定速度移动；加速度限制，计算在给定加速度限制下的时间分配，以确保运动平稳。

平滑轨迹：通过时间分配，确保轨迹平滑且连续，避免剧烈变化。

4．轨迹优化

优化目标：最少时间，在给定约束下最少化完成任务的时间；最小能耗，减少轨迹执行过程中的能量消耗；路径平滑，优化轨迹使其更平滑，减少对机器人及其控制系统的冲击。

优化方法：梯度下降法，通过计算梯度来优化目标函数；动态规划，在离散空间中进行最优路径搜索；遗传算法，使用遗传算法进行全局优化；线性规划和非线性规划，适用于解决各种优化问题。

5．轨迹执行与调整

轨迹执行：根据规划出的轨迹控制机器人的实际操作，确保机器人按照预定轨迹移动。

实时调整：在执行过程中实时监控，调整轨迹以应对环境变化或意外情况。

误差补偿：处理机器人执行过程中产生的误差，确保最终任务目标的准确性。

5.2　关节空间规划和笛卡儿空间规划

关节空间规划和笛卡儿空间规划是机器人运动规划中的两种常见方法。它们的核心差异在于规划路径时使用的坐标系不同：关节空间方法基于机器人各个关节的角度变化，而笛卡儿空间方法基于机器人末端执行器（如手臂末端）的笛卡儿坐标变化。

5.2.1　关节空间规划

在关节空间规划中，路径规划的目标是找到每个关节角度的变化轨迹，最终将机器人从初始位置移动到目标位置。关节轨迹规划研究主要集中在生成和优化机器人关节的运动轨迹，以实现高精度、平滑和高效的运动。研究内容包括多种插值和优化方法、实时控制与调整、动力学约束结合、能耗和时间优化，以及在动态和复杂环境中的自适应规划。这些研究不仅关注轨迹的平滑性和连续性，还考虑机器人在实际应用中的精度、效率和鲁棒性。

与笛卡儿空间规划相比，关节空间规划更加关注机器人本体的物理和运动学特性，能够更好地处理机器人在复杂环境中的实际应用需求。关节空间是以机器人各个关节的角度、位置或速度为变量所构成的参数空间。对于一个 n 自由度机器人，其关节空间是一个 n 维空间，每一维代表一个关节的角度或位置。关节空间规划的核心任务是为机器人找到一条从初始状态到目标状态的可行轨迹，这条轨迹不仅要符合机器人本身的运动学和动力学约束，还要满足任务需求并符合环境约束。

1. 运动学约束

机器人学中，运动学分为正运动学和逆运动学。正运动学用于确定在给定关节角度的情况下机器人末端执行器的位置和姿态。而逆运动学解决了给定末端执行器的目标位置和姿态时所需的关节角度的计算问题。逆运动学问题通常具有多解甚至无解，因此在实际应用中需要结合关节空间约束进行解的筛选。

2. 动力学约束

除运动学建模外，动力学建模也是关节空间规划的重要组成部分。动力学模型描述机器人在运动过程中受到的力和力矩，以及这些力对关节运动的影响。常用的方法包括拉格朗日动力学建模和牛顿-欧拉动力学建模。动力学约束在规划过程中起到重要作用，因为它直接影响机器人的运动速度、加速度以及整体运动的稳定性和能耗。

3. 轨迹规划与优化

关节空间中的轨迹规划与优化是关节空间规划的核心任务。与笛卡儿空间规划相比，关节空间规划直接处理机器人的关节角度变化，因此能够更好地避免奇异性和运动学约束。轨迹规划的方法通常包括基于采样的规划、最优控制以及数值优化技术。

（1）采样算法与基于图的搜索算法

采样算法和基于图的搜索算法在关节空间轨迹规划中应用广泛。典型的算法包括快速探索随机树（RRT）和概率路径图（PRM）。这些算法在关节空间中随机采样或构建节点图，从而探索可行的运动轨迹。其优点是能有效应对高维空间中的复杂规划问题，尤其适用于关节数较多的机器人系统。

（2）数值优化技术

数值优化技术通常用于在关节空间内进一步优化初始生成的轨迹，以达到最小化代价函数（如能耗、运动时间或路径长度）等目标。常用的方法包括梯度下降法、牛顿法、遗传算法、粒子群优化法等。数值优化不仅能提高轨迹的质量，还能有效地处理关节运动的约束条件，如速度限制、加速度限制等。

（3）动力学约束与优化

在关节空间轨迹规划中，动力学约束尤为重要。考虑机器人的物理特性，轨迹优化过程中需将动力学模型纳入考量，以避免因忽略动力学效应而导致的不可行轨迹。例如，机器人的加速度和力矩应保持在安全范围内，以防止机械结构受损或控制系统失效。动力学优化的目标通常是最小化运动过程中的能耗或避免关节过载。

4. 碰撞检测与避免

在关节空间中进行轨迹规划时，碰撞检测与避免是一个不可忽视的问题。机器人在实际应用中通常工作在复杂环境中，因此在规划时需要考虑机器人各个关节及运动路径是否会与环境中的障碍物发生碰撞。

（1）几何模型与碰撞检测算法

碰撞检测通常依赖机器人及环境的几何模型。常见的几何模型包括多边形、体素、包围盒等。通过几何建模，可以在关节空间中实现碰撞检测算法的实施。这些算法用于有效地判断轨迹中的潜在碰撞，并进行轨迹调整或重新规划。

（2）碰撞避免与重新规划

在检测到潜在碰撞后，系统需要快速做出响应，进行碰撞避免处理。碰撞避免方法包括调整关节空间轨迹的路径点、改变机器人姿态或者重新规划一条无碰撞的路径。碰撞避免策略的目标是确保机器人能够在复杂环境中安全运行，同时尽量减少对原有轨迹的扰动。

5．实时规划与控制

随着机器人应用场景的复杂化，实时规划与控制在关节空间轨迹规划中的重要性逐渐凸显。尤其是在动态环境或与人类协作的应用场景中，机器人必须具备快速响应的能力，以适应环境的实时变化。

（1）实时规划算法

为了实现实时规划，研究人员开发了多种快速算法，如模型预测控制（MPC）、事件驱动规划以及基于启发式的快速搜索算法。这些算法能够在较短的时间内生成可行的轨迹，适应动态变化的环境需求。同时，实时规划算法还需具备一定的鲁棒性，以应对传感器噪声、外部干扰等不确定因素。

（2）实时控制与反馈机制

实时控制与规划密切相关，它依赖对机器人运动的实时反馈，以调整关节空间轨迹。在这种情况下，机器人控制系统通常采用闭环控制策略，通过传感器获取的实时数据来调整关节运动，确保轨迹的准确性和可靠性。这种实时控制策略可以有效应对机器人在实际应用中的突发情况，例如，躲避突然出现的障碍物或响应任务需求的变化。

6．不确定性处理与鲁棒控制

在关节空间规划中，不确定性因素的处理是一个重要的研究方向。实际应用中，不确定性可能来源于多方面，如传感器噪声、环境变化、模型不精确等。这些不确定性因素会影响规划结果的可行性和可靠性，因此需要在规划过程中进行适当的处理。

鲁棒控制方法是一种应对不确定性的有效手段。在规划过程中引入鲁棒性约束，可以增强轨迹对不确定性的适应能力。常见的鲁棒控制方法包括 H∞控制、μ-分析、区间分析等。这些方法对系统模型的不确定性进行建模和分析，在轨迹规划时确保最终轨迹能够适应各种不确定性环境。

概率规划是一种处理不确定性的方法，它在规划过程中引入概率模型，以应对环境的不确定性或传感器噪声的影响。常见的概率规划方法包括马尔可夫决策过程（MDP）、部分可观测马尔可夫决策过程（POMDP）等。这些方法对可能的环境状态进行概率建模，生成一条在各种可能性下均表现良好的轨迹。贝叶斯方法则通过不断更新环境和系统模型的概率分布来提高规划的适应性。贝叶斯网络和高斯过程等技术常用于这种场景下的轨迹优化。

为了减小不确定性带来的影响，传感器融合技术也在关节空间规划中发挥了重要作用。将多种传感器的数据融合，可以提高对环境和机器人状态的感知精度，从而降低规划过程中的不确定性。例如，视觉传感器与力觉传感器的融合可以帮助机器人在动态环境中进行更精确的轨迹规划。传感器融合方法包括卡尔曼滤波、粒子滤波、多传感器数据融合算法等。

关节空间规划作为机器人学中的核心研究领域，既有坚实的理论基础，也具有广泛的应用前景。随着技术的不断进步，关节空间规划将在更多领域发挥关键作用，为机器人技术的发展提供新的动力和机遇。

5.2.2 笛卡儿空间规划

笛卡儿空间规划是机器人学中另一项关键研究领域，主要关注在机器人工作空间（笛卡儿空间）中进行运动轨迹的规划。不同于关节空间规划，笛卡儿空间规划直接处理机器人末端执行器的运动路径，以确保其在特定任务中的精确性和有效性。

笛卡儿空间是指机器人末端执行器的位置和姿态所在的三维空间。通常，笛卡儿空间使用的是笛卡儿坐标系，即以 X、Y、Z 三个正交轴描述位置，并以旋转矩阵或四元数描述姿态。与关节空间规划相比，笛卡儿空间规划直接面向机器人在实际任务中的表现，因此更贴近实际应用需求。

1. 运动学描述

在笛卡儿空间中，机器人运动的关键是末端执行器的位置和姿态变化。利用正运动学模型，可以将机器人关节空间中的参数映射到笛卡儿空间，得到末端执行器的轨迹。而逆运动学则用于在已知末端执行器目标位置的情况下，求解对应的关节参数。逆运动学的求解通常比正运动学复杂，可能存在多解、无解或奇异性的问题。

2. 任务需求与约束

笛卡儿空间规划主要关注任务需求，如路径的平滑性、速度的连续性和姿态的稳定性等。此外，规划过程还需考虑各种物理约束，如碰撞避免、工作空间限制以及末端执行器的运动学和动力学约束。这些约束决定规划出的轨迹是否在实际应用中可行。

3. 轨迹规划与优化

在笛卡儿空间中生成和优化轨迹是规划的核心任务。生成的轨迹需满足任务需求，并在实际环境中可执行。优化过程旨在提高轨迹的性能，如最短路径长度、减少能耗或避免奇异点。

（1）基于样条的轨迹规划

样条曲线是笛卡儿空间轨迹规划中的常用工具，样条插值用于生成平滑的路径，确保末端执行器的运动连续性和稳定性。常见的样条类型包括 B 样条、贝塞尔曲线等。通过这些样条，可以在保证平滑性的同时，精确控制路径的形状和姿态变化。

（2）逆运动学的应用与优化

逆运动学在笛卡儿空间规划中扮演着重要角色。由于笛卡儿空间规划生成的轨迹最终需要映射到关节空间，逆运动学的求解直接影响轨迹的可行性和精度。为了应对逆运动学中的多解和奇异性问题，通常会结合优化技术选择最优解，从而避免不必要的关节空间抖动或无法执行的轨迹。

（3）动力学优化与能耗最小化

笛卡儿空间规划不仅关注路径的几何形状，还需考虑运动过程中涉及的动力学问题。通过动力学建模，规划可以在保证路径精度的前提下，优化机器人的运动参数，如速度、加速度以及关节力矩等。动力学优化的目标通常是最小化能耗，避免运动过程中关节过载或执行器力矩超出限制。

4．碰撞检测与避免

在复杂环境中进行笛卡儿空间规划时，碰撞检测和避免是确保路径可行性的关键步骤。由于笛卡儿空间规划直接处理末端执行器的运动路径，因此需要在规划过程中实时检测路径与环境障碍物的碰撞情况。

（1）几何建模与环境表示

为了实现碰撞检测，环境中的障碍物和机器人本体需要以几何模型的形式表示。常用的几何建模方法包括多边形建模、体素建模和包围盒建模等。这些模型能够逼真地描述环境中各元素的形状和位置，为碰撞检测算法提供基础。

（2）碰撞检测算法

碰撞检测算法在笛卡儿空间规划中发挥着至关重要的作用。典型的碰撞检测算法包括快速排除法（如包围盒测试）、基于距离的检测以及分离轴定理等。这些算法可以快速判断路径中潜在的碰撞，并提供必要的反馈信息，以便在规划过程中进行调整或重新规划。

（3）动态环境中的实时碰撞避免

对于动态环境中的笛卡儿空间规划，实时碰撞避免技术尤为重要。利用传感器实时感知环境的变化，规划系统可以动态调整末端执行器的轨迹，避免与移动障碍物发生碰撞。常见的实时碰撞避免方法包括基于速度的避碰（如速度障碍法）和基于预测的避碰（如模型预测控制）等。

5．实时规划与控制

在动态环境中，笛卡儿空间规划需要与实时控制技术相结合，以应对环境的瞬时变化和任务要求的调整。这种结合能够使机器人在复杂多变的工作环境中表现出更高的适应性和灵活性。

（1）实时规划算法

实时规划算法能够在环境变化时，快速生成新的笛卡儿空间轨迹，以确保任务的连续性和有效性。模型预测控制（MPC）是一种常用的实时规划方法，它通过预测未来时刻的环境状态，动态调整规划轨迹。此外，快速探索随机树（RRT）及其变种算法也被用于实时轨迹规划，尤其适合处理大规模、复杂环境中的路径规划问题。

（2）闭环控制与反馈机制

在实时规划中，闭环控制系统通过传感器反馈的实际状态，调整机器人末端执行器的运动轨迹，确保轨迹的执行与规划一致。常见的闭环控制方法包括 PID 控制、力矩控制和自适应控制等。这些方法实时校正机器人运动中的误差，确保末端执行器能够精确跟踪规划的笛卡儿空间路径。

5.3　机器人轨迹规划插值方法

轨迹规划中的插值方法是计算在已知路径点之间生成的平滑且连续的运动轨迹，以确保机器人能够平稳地移动到目标位置。这种方法通常使用数学函数来连接路径点，从而生成符合机器人运动学和动力学约束的轨迹。下面介绍几种常见的轨迹规划插值方法。

5.3.1　线性插值

线性插值是一种简单而直接的插值方法，主要用于在两个已知路径点之间生成直线段。这种方法适用于一些对轨迹平滑性要求不高、计算资源有限的场景。在线性插值方法中，给定两个已知路径点（通常是起点和终点），线性插值利用直线将这两个点连接起来。在空间中的任意一点，其位置可以通过这两个路径点的位置按比例计算得出。计算公式为

$$p(t) = (1-t)p_0 + tp_1 \tag{5.1}$$

其中，$p(t)$ 表示在参数 t 下的位置向量；p_0 和 p_1 分别是起点和终点的位置向量；t 是归一化时间参数，取值范围为 $[0,1]$。

假设有两个路径点 $p_0 = (x_0, y_0)$ 和 $p_1 = (x_1, y_1)$，线性插值生成的轨迹点 $p(t)$ 的计算公式为

$$\begin{aligned} x(t) &= (1-t)x_0 + tx_1 \\ y(t) &= (1-t)y_0 + ty_1 \end{aligned} \tag{5.2}$$

线性插值是一种简单而直接的轨迹规划方法，尽管其平滑性不足，但因其计算效率高、实现简单，在某些应用场景中仍然具有重要的实用价值。

5.3.2　多项式插值

多项式插值是一种使用多项式函数在路径点之间生成轨迹的方法。相比于线性插值，多项式插值可以生成更为平滑和连续的轨迹。

多项式插值方法构造一个多项式函数，使其能够在给定的路径点处精确地通过这些点。假设有 $n+1$ 个已知路径点 $\{(x_0, y_0), (x_1, y_1), \cdots, (x_n, y_n)\}$，多项式插值的目标是找到一个 n 次多项式 $P(x)$，使得

$$P(x) = y_i, \quad i = 0, 1, \cdots, n$$

这个多项式通常表示为

$$P(x) = a_0 + a_1 x + a_2 x^2 + \cdots + a_n x^n \tag{5.3}$$

其中，$\{a_0, a_1, \cdots, a_n\}$ 是待求的多项式系数。

多项式插值有多种实现方法，下面介绍常见的几种方法。

1. 拉格朗日插值

（1）基本原理

拉格朗日插值的目标是找到一个 n 次多项式 $P(x)$，使其通过给定的 $n+1$ 个数据点 $(x_0, y_0), (x_1, y_1), \cdots, (x_n, y_n)$。这个多项式可以表示为拉格朗日基函数的线性组合：

$$P(x) = \sum_{i=1}^{n} y_i \ell_i(x) \tag{5.4}$$

其中，$\ell_i(x)$ 是第 i 个拉格朗日基函数，定义为

$$\ell_i(x) = \prod_{\substack{0 < j < n \\ j \neq i}} \frac{x - x_j}{x_i - x_j} \tag{5.5}$$

其中，$\ell_i(x)$ 的作用是确保插值多项式 $P(x)$ 在 $x = x_i$ 处取值为 y_i，而在其他插值点 $x_j(j \neq i)$ 处为 0。

（2）拉格朗日基函数

每个拉格朗日基函数 $\ell_i(x)$ 是一个 n 次多项式，用于控制插值多项式在某个特定数据点的权重。具体地说，$\ell_i(x)$ 对于每个 i 都包含 n 个线性因子，每个因子对应除 x_i 外的 x_j：

$$\ell_i(x) = \frac{x - x_0}{x_i - x_0} \cdot \frac{x - x_1}{x_i - x_1} \cdot \cdots \cdot \frac{x - x_{i-1}}{x_i - x_{i-1}} \cdot \frac{x - x_{i+1}}{x_i - x_{i+1}} \cdot \cdots \cdot \frac{x - x_n}{x_i - x_n} \tag{5.6}$$

这个多项式在 $x = x_i$ 处为 1，而在其他插值点 $x_j(j \neq i)$ 处为 0。

（3）拉格朗日插值多项式

将所有拉格朗日基函数按数据点的值 y_i 进行加权并求和，就得到了拉格朗日插值多项式 $P(x)$：

$$P(x) = y_0 \ell_0(x) + y_1 \ell_1(x) + \cdots + y_n \ell_n(x) \tag{5.7}$$

此多项式的阶数为 n，且其能够精确通过给定的所有数据点。

（4）实现步骤

① **输入路径点**：确定路径点的坐标 $(x_0, y_0), (x_1, y_1), \cdots, (x_n, y_n)$。

② **计算基函数**：根据上面给出的公式，计算每个 i 的拉格朗日基函数 $\ell_i(x)$。

③ **构建插值多项式**：将基函数与对应的 y_i 相乘并求和，得到拉格朗日插值多项式 $P(x)$。

④ **生成轨迹点**：在所需的 x 取值范围内，计算 $P(x)$ 的值，生成轨迹点。

【示例】　假设有三个路径点 $(x_0, y_0), (x_1, y_1)$ 和 (x_2, y_2)，使用拉格朗日插值法可以构造一个二次多项式 $P(x)$：

$$P(x) = y_0 \frac{x - x_1}{x_0 - x_1} \cdot \frac{x - x_2}{x_0 - x_2} + y_1 \frac{x - x_0}{x_1 - x_0} \cdot \frac{x - x_2}{x_1 - x_2} + y_2 \frac{x - x_0}{x_2 - x_0} \cdot \frac{x - x_1}{x_2 - x_1} \tag{5.8}$$

这个多项式会在 x_0、x_1、x_2 处分别取值 y_0、y_1、y_2。

2．牛顿插值

牛顿插值法通过构建差商表来逐步生成插值多项式。相比于拉格朗日插值法，牛顿插值法在处理插值点数量增加时具有更高的灵活性，适合逐点添加新插值点的场景。

（1）基本原理

牛顿插值法基于差商的概念构建多项式。假设有 $n+1$ 个已知的插值点 (x_0, y_0)，$(x_1, y_1), \cdots, (x_n, y_n)$，目标是找到一个 n 次多项式 $P(x)$，使得该多项式在每个插值点处满足 $P(x_i) = y_i$。

牛顿插值多项式可以表示为

$$P(x) = a_0 + a_1(x-x_0) + a_2(x-x_0)(x-x_1) + \cdots + a_n(x-x_0)(x-x_1)\cdots(x-x_{n-1}) \tag{5.9}$$

其中，$\{a_0, a_1, \cdots, a_n\}$ 是插值多项式的系数，可通过差商计算得到。

（2）差商的计算

差商是牛顿插值的核心，用于计算多项式的系数，差商定义如下。

● **零阶差商**（对应于函数值）：$[x_i] = y_i$。

● **一阶差商**：$[x_i, x_{i+1}] = \dfrac{y_{i+1} - y_i}{x_{i+1} - x_i}$。

● **二阶差商**：$[x_i, x_{i+1}, x_{i+2}] = \dfrac{[x_{i+1}, x_{i+2}] - [x_i, x_{i+1}]}{x_{i+2} - x_i}$。

以此类推，k 阶差商为

$$[x_i, x_{i+1}, \cdots, x_{i+k}] = \frac{[x_{i+1}, x_{i+2}, \cdots, x_{i+k}] - [x_i, x_{i+1}, \cdots, x_{i+k-1}]}{x_{i+k} - x_i}$$

（3）牛顿插值多项式

一旦差商计算完成，就可以将其代入牛顿插值多项式，得到

$$P(x) = y_0 + [x_0, x_1](x-x_0) + [x_0, x_1, x_2](x-x_0)(x-x_1) + \cdots + \\ [x_0, x_1, \cdots, x_n](x-x_0)(x-x_1)\cdots(x-x_{n-1}) \tag{5.10}$$

其中，$a_0 = y_0$，$a_1 = [x_0, x_1]$，$a_2 = [x_0, x_1, x_2]$ $\cdots\cdots$

（4）实现步骤

① **输入路径点**：确定路径点的坐标 $(x_0, y_0), (x_1, y_1), \cdots, (x_n, y_n)$。

② **计算差商表**：使用上述差商公式，构建差商表，从而确定多项式的系数 $\{a_0, a_1, \cdots, a_n\}$。

③ **构建插值多项式**：利用牛顿插值多项式的形式，将差商表的值代入，生成最终的插值多项式 $P(x)$。

④ **生成轨迹点**：在所需的 x 值范围内，计算 $P(x)$ 的值，生成轨迹点。

牛顿插值多项式的形式允许逐点增加插值点，而不需要重新计算整个多项式。这使牛顿插值法在插值点数量不断增加的情况下更为灵活。由于每增加一个插值点只需要计算一个新的差商，牛顿插值法在动态添加插值点的情况下效率更高。

【**示例**】 假设有三个路径点 $(x_0, y_0), (x_1, y_1)$ 和 (x_2, y_2)，使用牛顿插值法可以构造一个二次多项式 $P(x)$。先计算差商表：

零阶差商：

$$[x_0] = y_0, \quad [x_1] = y_1, \quad [x_2] = y_2$$

一阶差商：

$$[x_0, x_1] = \frac{y_1 - y_0}{x_1 - x_0}, \quad [x_1, x_2] = \frac{y_2 - y_1}{x_2 - x_1}$$

二阶差商：

$$[x_0, x_1, x_2] = \frac{[x_1, x_2] - [x_0, x_1]}{x_2 - x_0}$$

再将差商代入牛顿插值多项式：

$$P(x) = y_0 + [x_0, x_1](x - x_0) + [x_0, x_1, x_2](x - x_0)(x - x_1)$$

牛顿插值法是一种灵活且高效的多项式插值方法，特别适合需要逐步增加插值点的场景。它通过差商表计算多项式的系数，尽管实现上相对复杂，但在数值计算和轨迹规划等领域具有重要应用价值。

3．分段多项式插值

（1）基本概念

分段多项式插值的核心思想是将插值区域划分为若干小区间（通常为两两相邻的插值点之间），并在每个区间内使用一个独立的低阶多项式（通常是线性多项式或三次多项式）进行插值。每个区间的多项式在对应的端点处精确通过已知数据点，并且常常要求在区间的连接点处保持函数的连续性和平滑性。与全局多项式插值不同，分段多项式插值通过局部插值来避免高阶多项式带来的振荡和数值不稳定问题，特别是在处理大量数据点时表现尤为优异。

（2）常见的分段多项式插值方法

① 分段线性插值

在每个区间内使用线性多项式插值，即在两个相邻的插值点之间用一条直线段连接。

在区间 $[x_i, x_{i+1}]$ 内，多项式 $P_i(x)$ 的形式为

$$P_i(x) = y_i + \frac{y_{i+1} - y_i}{x_{i+1} - x_i}(x - x_i) \tag{5.11}$$

此方法实现简单，计算量小，非常适合快速估算或在对平滑性要求不高的场景中使用。但是其生成的轨迹可能会出现不连续的斜率变化，即曲线不够平滑。

② 分段二次插值

在每个区间内使用二次多项式进行插值。相比于线性插值，二次插值可以提供更好的平滑性。

在区间 $[x_i, x_{i+1}]$ 内，多项式 $P_i(x)$ 的形式为

$$P_i(x) = a_i + b_i(x - x_i) + c_i(x - x_i)^2 \tag{5.12}$$

其中，系数 a_i、b_i 和 c_i 可以通过满足插值点条件及其导数的连续性条件来确定。

此方法生成的轨迹比线性插值更加平滑，适用于对平滑性有一定要求的场景。但是计算相对复杂，特别是在保证分段连接处的一阶导数连续时。

③ 三次样条插值

在每个区间内使用三次多项式进行插值，并通过一系列约束条件（如二阶导数连续性）来保证整体曲线的平滑性。

在区间 $[x_i, x_{i+1}]$ 内，多项式 $P_i(x)$ 的形式为

$$P_i(x) = a_i + b_i(x - x_i) + c_i(x - x_i)^2 + d_i(x - x_i)^3 \tag{5.13}$$

通过在插值点处设置函数值、导数和二阶导数的连续性条件，可以解出每个区间的系数 a_i、b_i、c_i 和 d_i。

其生成的轨迹非常平滑，且在分段连接处具有连续的二阶导数。三次样条插值是分段多项式插值中常用的方法，广泛应用于工程和科学计算。但是计算复杂度较高，需要解一个三对角线性方程组来确定所有系数。

（3）实现步骤

① **输入数据点**：确定路径点的坐标 $(x_0, y_0), (x_1, y_1), \cdots, (x_n, y_n)$。

② **划分区间**：将路径点两两相连，形成若干区间 $[x_i, x_{i+1}]$。

③ **选择插值方法**：根据需求选择合适的分段插值方法（如线性插值、二次插值或三次样条插值）。

④ **计算分段多项式**：对于每个区间，根据选定的方法计算出该区间内的多项式 $P_i(x)$。

⑤ **生成轨迹**：在每个区间内根据多项式 $P_i(x)$ 计算轨迹点，并将所有区间的轨迹点连接起来，形成最终的轨迹。

分段多项式插值是生成平滑且连续轨迹的有效方法，特别适用于需要在大量数据点之间进行插值的场景。它将插值问题局部化，避免了全局多项式插值中的高阶问题，并在工程和科学计算中广泛应用。尤其是三次样条插值，能够生成非常平滑的轨迹，适用于对曲线平滑性有较高要求的场景。由于只在局部使用低阶多项式，分段多项式插值避免了高阶多项式插值中的振荡问题（如 Runge 现象）。但是其也存在缺陷，相较于简单的全局插值，分段多项式插值的计算复杂度更高，特别是对高阶分段插值，如三次样条插值，在确保各分段连接处的平滑性时，需要引入额外的约束条件，增加了实现的复杂性。

5.3.3　B 样条曲线插值

B 样条曲线插值是一种通过一组已知数据点生成平滑曲线的方法。与传统的多项式插值不同，B 样条曲线插值方法通过分段多项式和基函数的线性组合生成曲线，确保曲线的平滑性和稳定性，同时具有局部性的特性。

1. 重要定义

（1）控制点：控制曲线的点，通过控制点可以控制曲线形状。

（2）节点：与控制点无关，人为地将目标曲线分为若干部分，其目的是尽量使各个部分有所影响但也有一定独立性，节点划分影响权重计算。

（3）次数：插值多项式的最高次数。

（4）控制点与节点及次数的关系：假设有 n 个控制点、m 个节点，次数为 k，则 $m = n + k + 1$。

2. 表达形式

设定几个关键变量：P_i 是第 i 个控制点（不是路径点），$N_{i,k}(t)$ 是与第 i 个控制点相关联的 B 样条基函数，t 是参数值，在轨迹规划中可以将时间视为 t。则 B 样条的表达形式为

$$B(t) = \sum_{i}^{n} N_{i,k}(t) \times p_i \tag{5.14}$$

B 样条基函数 $N_{i,k}(t)$ 是定义曲线的核心，其递归定义如下。

零次基函数（$k=0$）：（t_i 为第 i 个节点，$0 \leq i \leq m$）

$$N_{i,0}(t) = \begin{cases} 1, & t_i \leq t \leq t_{i+1} \\ 0, & \text{其他} \end{cases} \tag{5.15}$$

高次基函数（$k > 0$）：

$$N_{i,k}(t) = \frac{t - t_i}{t_{i+k-1} - t_i} N_{i,k-1}(t) + \frac{t_{i+k} - t}{t_{i+k} - t_{i+1}} N_{i+1,k-1}(t) \tag{5.16}$$

其中，t 是曲线参数，k 是曲线的次数。通过递归，推导次数高的基函数的数量会逐渐减少直到个数为 n，即 $N_{i,k}$ 有 n 个，对应着 n 个控制点，也因此节点数、次数及控制点个数需要满足 $m = n + k + 1$。

节点向量的选择会直接影响 B 样条曲线的形状和性质。常见的节点向量类型有：均匀节点向量，节点均匀分布，生成的 B 样条曲线在全区间内表现均匀；非均匀节点向量，节点不均匀分布，可以在某些区间内获得更细致的控制；重复节点，在节点向量中重复某些节点，可以改变曲线的行为，如让曲线通过某些控制点或改变曲线的平滑性。

3．实现步骤

（1）选择节点

根据曲线需要的特性（如平滑性、局部性），选择适当的节点 $t_0, t_1, \cdots, t_m$。

（2）计算 B 样条基函数

使用递归公式计算每个基函数 $N_{i,k}(t)$。这些基函数决定每个控制点对曲线形状的影响。

（3）确定控制点

对于插值问题，通过解线性方程组确定控制点 P_i，使得曲线在特定的参数值 t_j 处通过给定的数据点 Q_j。线性方程组的形式为

$$\sum_{i=0}^{n} P_i N_{i,k}(t_j) = Q_j \tag{5.17}$$

可以通过矩阵方法求解控制点。

（4）构造 B 样条曲线

将确定的控制点 P_i 和基函数 $N_{i,k}(t)$ 代入 B 样条曲线方程 $C(t)$，得到最终的曲线。

B 样条曲线的优点是具有较高阶的连续性（最多可达到 $k-1$ 阶导数的连续性），保证曲线的平滑性；B 样条曲线具有局部性，即改变一个控制点只影响局部的曲线段，这使得 B 样条在设计和调控曲线时非常灵活；调整节点向量，可以得到多种不同特性的曲线，如均匀、非均匀、循环等。其缺点是 B 样条插值的计算比简单的多项式插值复杂，需要更多的计算步骤，特别是在求解控制点时。

▶▶ 5.3.4　3-5-3 多项式插值

3-5-3 多项式插值是一种常用于路径规划的插值方法，特别是在机器人和自动驾驶系统中，帮助生成平滑的轨迹。该方法结合了三次多项式插值和五次多项式插值，通常分为三个阶段，其中，起始段和结束段使用三次多项式插值，中间段使用五次多项式插值。这样可以在保持路径平滑的同时，更好地控制路径的起点和终点条件。

三次多项式插值是利用三次多项式生成平滑曲线，满足一阶导数和二阶导数的连续性。常用于处理路径的起始和结束部分，因为它可以较好地控制曲线的起始点速度和加速度。

五次多项式插值是利用五次多项式生成更平滑的曲线，除满足一阶和二阶导数的连续性外，还可以控制三阶导数（即"跃度"）。五次多项式插值非常适合生成中段的路径，因为它可以更平滑地过渡，并减少突变。

1. 具体实现思路

起始段（三次多项式插值）：在路径的起始部分使用三次多项式插值，可以精确控制起始点的速度和加速度。三次多项式插值公式为

$$P(x) = a_0 + a_1 x + a_2 x^2 + a_3 x^3 \tag{5.18}$$

系数 a_0、a_1、a_2 和 a_3 通过起始点的坐标、速度和加速度条件确定。

中间段（五次多项式插值）：在路径的中间部分使用五次多项式插值，可以确保曲线的平滑过渡，特别是控制三阶导数。五次多项式插值公式为

$$P(x) = b_0 + b_1 x + b_2 x^2 + b_3 x^3 + b_4 x^4 + b_5 x^5 \tag{5.19}$$

系数 $b_0 \sim b_5$ 通过中间点的坐标、速度、加速度及跃度条件确定。

结束段（三次多项式插值）：在路径的结束部分使用三次多项式插值，可以平滑地结束轨迹，并控制结束点的速度和加速度。

2. 实现步骤

（1）输入路径点：确定路径点的坐标、速度、加速度等条件，包括起始点、中间点和结束点。

（2）划分路径段：将路径划分为起始段、中间段和结束段。为了使路径平滑，需设定适当的边界条件，包括确定起始点、中间点和结束点的位置信息，以及这些点的速度和加速度信息。特别是在中间段，由于采用了五次多项式插值，还需要考虑加速度的边界条件。

（3）起始段和结束段使用三次多项式插值，根据路径点的初始条件（位置、速度、加速度）计算多项式系数。中间段使用五次多项式插值，根据中间点的条件（位置、速度、加速度、跃度）计算多项式系数。根据设定的边界条件，通过解线性方程组求多项式的系数。由于每个分段的多项式有不同的次数，因此每个分段需要分别求解。

（4）在各分段内根据计算出的多项式生成轨迹点，在得到各段的多项式后，将它们拼接成完整的路径。由于在每个连接点处，路径的位移、速度和加速度都是连续的，因此生成的整体轨迹通常非常平滑。最后，需要验证路径是否满足规划要求，并进行必要的调整。

由于在每个分段都保证了路径及其导数的连续性，3-5-3 多项式插值生成的轨迹通常非常平滑。不同分段采用不同次数的多项式插值，使该方法在处理路径的起始段和中间段时具有较高的灵活性。

5.4　轮式车体机器人轨迹规划

轮式车体机器人轨迹规划是为轮式机器人设计一条从初始位置到目标位置的轨迹，同时确保轨迹符合物理和环境约束，并尽量达到某种优化目标（如最短路径长度、最小能耗、最少时间等）。

本书以前面介绍的三轮全向车为案例，说明实现路径规划的具体流程。三轮全向车是一种具有高度灵活性的移动平台，广泛应用于工业、服务、仓储等领域。由于其独特的全向轮设计，车辆能够在任何方向上移动，包括前后、左右以及旋转。这种灵活性要求路径规划必须保证平滑性和连续性，以确保车辆在执行任务时运动的稳定性和安全性。

3-5-3 路径规划方法是一种用于生成平滑路径的多项式插值方法，尤其适用于全向车等需要高精度路径跟踪的场景。该方法通过分段多项式来规划路径，使得车辆能够平稳地加速、减速，并在中间点保持平滑过渡。具体步骤如下。

1．路径点的设定

假设有以下路径点和时间参数：
起始点 $P_0(x_0, y_0)$ 在时间 t_0；
中间点 $P_1(x_1, y_1)$ 在时间 t_1；
中间点 $P_2(x_2, y_2)$ 在时间 t_2；
结束点 $P_f(x_f, y_f)$ 在时间 t_f。

2．设定边界条件

边界条件包括路径点处的**位置**、**速度**和**加速度**，并根据这些条件确定多项式的形式和其系数。假设以下边界条件：
$s(t_0) = P_0$ 和 $s(t_f) = P_f$（位置）；
$\dot{s}(t_0) = 0$ 和 $\dot{s}(t_f) = 0$（速度）；
$\ddot{s}(t_0) = P_0$ 和 $\ddot{s}(t_f) = 0$（加速度）。

3．分段多项式形式

第一段：从 P_0 到 P_1 的三次多项式。
定义三次多项式曲线为

$$s_1(t) = a_3(t-t_0)^3 + a_2(t-t_0)^2 + a_1(t-t_0) + a_0 \tag{5.20}$$

需要满足的边界条件为
$s_1(t_0) = P_0$；
$\dot{s}_1(t_0) = 0$；

$s_1(t_1) = P_1$；

$\dot{s}_1(t_0) = v_1$ （设定速度）。

第二段：从 P_1 到 P_2 的五次多项式。

定义五次多项式曲线为

$$s_2(t) = b_5(t-t_1)^5 + b_4(t-t_1)^4 + b_3(t-t_1)^3 + b_2(t-t_1)^2 + b_1(t-t_1) + b_0 \tag{5.21}$$

需要满足的边界条件为

$s_2(t_1) = P_1$；

$\dot{s}_2(t_1) = v_1$；

$\ddot{s}_2(t_1) = a_1$；

$s_2(t_2) = P_2$；

$\dot{s}_2(t_2) = v_2$ （设定速度）；

$\ddot{s}_2(t_2) = a_2$ （设定加速度）。

第三段：从 P_2 到 P_f 的三次多项式。

定义三次多项式曲线为

$$s_3(t) = c_3(t-t_2)^3 + c_2(t-t_2)^2 + c_1(t-t_2) + c_0 \tag{5.22}$$

需要满足的边界条件为

$s_3(t_2) = P_2$；

$\dot{s}_3(t_2) = v_2$；

$s_3(t_f) = P_f$；

$\dot{s}_3(t_f) = 0$。

4．求解多项式系数

求解第一段的系数 a_3, a_2, a_1, a_0。

对于第一段多项式 $s_1(t)$：

$s_1(t_0) = P_0$ 给出 $a_0 = P_0$；

$\dot{s}_1(t_0) = 0$ 给出 $a_1 = 0$；

$s_1(t_1) = P_1$ 给出

$$P_1 = a_3(t_1 - t_0)^3 + a_2(t_1 - t_0)^2 + P_0 \tag{5.23}$$

$\dot{s}_1(t_0) = v_1$ 给出

$$v_1 = 3a_3(t_1 - t_0)^2 + 2a_2(t_1 - t_0) \tag{5.24}$$

通过以上两个方程，可以解出 a_3 和 a_2 的值。

求解第二段的系数 $b_5, b_4, b_3, b_2, b_1, b_0$。

对于第二段多项式 $s_2(t)$：

$s_2(t_1) = P_1$ 给出 $b_0 = P_1$；

$\dot{s}_2(t_1) = v_1$ 给出 $v_1 = b_1$；

$\ddot{s}_2(t_1) = a_1$ 给出 $a_1 = 2b_2$；

$s_2(t_2) = P_2$ 给出

$$P_2 = b_5(t_2 - t_1)^5 + b_4(t_2 - t_1)^4 + b_3(t_2 - t_1)^3 + b_2(t_2 - t_1)^2 + b_1(t_2 - t_1) + P_1 \quad (5.25)$$

$\dot{s}_2(t_2) = v_2$ 给出

$$v_2 = 5b_5(t_2 - t_1)^4 + 4b_4(t_2 - t_1)^3 + 3b_3(t_2 - t_1)^2 + 2b_2(t_2 - t_1) + b_1 \quad (5.26)$$

$\ddot{s}_2(t_2) = a_2$ 给出

$$a_2 = 20b_5(t_2 - t_1)^3 + 12b_4(t_2 - t_1)^2 + 6b_3(t_2 - t_1)$$

通过以上六个方程，可以解出 $b_5, b_4, b_3, b_2, b_1, b_0$ 的值。

求解第三段的系数 c_3, c_2, c_1, c_0。

对于第二段多项式 $s_3(t)$：

$s_3(t_2) = P_2$ 给出 $c_0 = P_2$；

$\dot{s}_3(t_2) = v_2$ 给出 $v_2 = c_1$；

$s_3(t_f) = P_f$ 给出

$$P_f = c_3(t_f - t_2)^3 + c_2(t_f - t_2)^2 + c_1(t_f - t_2) + P_2 \quad (5.27)$$

$\dot{s}_3(t_f) = 0$ 给出

$$0 = 3c_3(t_f - t_2)^2 + 2c_2(t_f - t_2) + c_1 \quad (5.28)$$

通过以上两个方程，可以解出 c_3, c_2, c_1 的值。

将所有求得的系数组合在一起，就可以构建出如下完整的 3-5-3 路径。

第一段：$s_1(t)$ 在时间 t_0 到 t_1 之间。

第二段：$s_2(t)$ 在时间 t_1 到 t_2 之间。

第三段：$s_3(t)$ 在时间 t_2 到 t_f 之间。

5.5　三自由度机械臂轨迹规划

在三自由度机械臂的笛卡儿空间进行轨迹规划时，带有抛物线过渡的线性插值是一种常用的路径生成方法。它通常用于需要平滑转角过渡的场景，避免了突然转角导致的机械臂运动不平稳问题。

在笛卡儿空间中，机械臂的末端执行器通常需要按照预定的路径从起始点移动到结束点。由于路径可能包含多个关键点，如果直接采用线性插值连接这些点，路径在转角处可能会导致机械臂的运动不平滑，因此，引入抛物线过渡，以在这些转角处实现平滑的运动。

1. 定义关键点

假设路径经过三个关键点 P_0, P_1, P_2，这些点的笛卡儿坐标分别为

$$\begin{aligned} P_0 &= (x_0, y_0, z_0) \\ P_1 &= (x_1, y_1, z_1) \\ P_2 &= (x_2, y_2, z_2) \end{aligned} \quad (5.29)$$

2. 抛物线过渡段的生成

在关键点 P_0 和 P_1 之间，假定运动时间为 $0 \sim t_f$，抛物线过渡段时间为 t_b，即 $0 \sim t_b$ 与 $(t_f - t_b) \sim t_f$ 为抛物线过渡段。起始与结束的过渡段所用时间相同，且初始速度与末速度均为 0，可以得出下式，其中 $2a$ 可以看作抛物线过渡段的加速度。

$$P(t) = \begin{cases} at^2 + p_0, & 0 \leq t \leq t_b \\ at_b^2 + p_0 + k(t - t_b), & t_b \leq t \leq t_f - t_b \\ 2at_b^2 + p_0 + k(t_f - 2t_b) - a(t_f - t)^2, & t_f - t_b \leq t \leq t_f \end{cases} \tag{5.30}$$

又因为过渡段末端与线性部分一阶导数相等，可得

$$2at_b = k$$

通过设置不同的 t_b 来控制抛物线过渡的范围。最后结合 $p(t_f) = p_1$，可以解得最终结果如下：

$$a = \frac{p_1 - p_0}{2(t_b \times t_f - t_b^2)} \tag{5.31}$$

除设置过渡段的时间外，也可以将时间设为未知，通过设置过渡段的加速度来求解。

3. 分段路径的合成

如果路径需要经过多个关键点，则可以在这些关键点之间两两插值从而合成完整的路径，上述带抛物线过渡的线性插值方法可以保证在不同路径上的速度不发生突变且经过每个路径点，但会使得每个关键点处速度为 0，即一阶导数为 0，如果需要进行更精细的控制，如加速度不突变或者关键点处速度设定等，可以考虑使用更加复杂的插值方法。

使用带抛物线过渡的线性插值需要注意以下两点。

调整时间分配：根据路径段的长度和所需的速度，合理分配每个分段的时间范围。

调整过渡系数：如果简单的抛物线过渡不足以保证平滑性，可以引入高阶多项式或使用样条插值方法。

在实际应用中，还需要考虑机械臂的物理限制，如最大速度、加速度限制等，进一步调整路径参数与路径规划的方法，确保机械臂的运动安全可靠。

5.6　习　　题

1. 简述机器人轨迹规划方法的作用。
2. 简述关节空间规划和笛卡儿空间规划方法。
3. 简述机器人轨迹规划插值常用的方法。
4. 举例说明利用 3-5-3 多项式插值实现机器人导航路径规划方法。

第6章

机器人控制

6.1 机器人控制概述

机器人控制是机器人学中的一个核心领域，涉及如何精确地控制机器人执行特定任务。机器人控制的关键目标是确保机器人能够在动态和复杂的环境中有效、精确地完成任务。

根据任务要求、环境特点以及控制目标可以对机器人控制分类。常见的机器人控制类型及特点如下。

1. 位置控制

位置控制的目标是让机器人或其末端执行器（如机械臂的抓手）达到并维持在特定的位置。位置控制广泛用于精密制造、组装和加工任务，如机械臂将物体移动到指定位置进行焊接或组装。PID 控制器是最常用的方法之一，能够通过调整比例、积分和微分参数来使误差（当前位置与目标位置之间的差异）最小化。

2. 速度控制

速度控制旨在控制机器人在运动过程中保持特定的速度，通常用于移动机器人（如自动导引车）和工业机器人在传送带上工作的场景，以确保均匀移动和流畅操作。通过闭环控制算法，如 PID 控制器，调节机器人的速度以达到预定值。

3. 力控制

力控制是控制机器人施加的力或力矩，特别适用于机器人与外部环境进行物理交互的任务。常见于机器人抓取物体、组装零件、抛光表面等任务，需要控制接触力以完成细致的工作或避免损坏物体。

4. 轨迹控制

轨迹控制涉及让机器人沿预定的路径或轨迹移动，通常同时控制位置、速度和加速度，以实现平滑的运动。适用于需要机器人沿着复杂路径移动的场景，如机械臂绘制曲线、移动机器人沿预定轨迹运动等。轨迹规划结合 PID 控制或模型预测控制来实现精准的轨迹跟踪。

5. 混合控制

混合控制结合位置控制和力控制，允许机器人在任务中同时控制位置和施加的力。这对于需要在刚性和柔性任务之间切换的场景尤为重要。适用于机器人在不确定环境中执行任务，如装配过程中先精确定位再控制施加的力进行组件的安装。通常采用力/位置混合控制结构或自适应控制策略。

6. 自适应控制

自适应控制允许控制器在线调整自身参数，以应对机器人和环境中的不确定性或变化。它能够根据实时数据自我调整，以保持系统性能。适用于任务环境或机器人特性可能随时间变化的场景，如在不同负载条件下操作的机器人或在动态环境中导航的机器人。常用的方法包括模型参考自适应控制（Model Reference Adaptive Control，MRAC）和自适应 PID 控制。

7. 鲁棒控制

鲁棒控制旨在应对系统模型的不确定性和外部扰动，确保机器人在存在这些不确定性的情况下仍能稳定工作。用于工业自动化，要求机器人系统在面对设备老化或环境变化时仍然表现良好。滑模控制（Sliding Mode Control，SMC）是一种常见的鲁棒控制方法，通过引入滑动面使系统轨迹趋向于预定轨迹。

8. 预测控制

预测控制基于系统的数学模型，通过预测未来的系统行为来优化当前的控制输入，能够处理复杂的多约束控制问题。适用于需要处理多个输入变量和输出变量并且有约束条件的系统，如无人驾驶车辆的路径规划和避障。在每个控制周期内，MPC 解算器通过优化问题来找到最优控制输入序列。

9. 分布式控制

分布式控制将控制任务分配给多个控制器，每个控制器负责控制系统的一部分，它们协同工作以实现全局目标。用于多机器人系统（如无人机群或协作机器人），每个机器人根据自身和邻近机器人的信息进行决策。基于共识算法的分布式控制，确保各个控制器之间的信息一致性。

10. 强化学习控制

强化学习控制让机器人利用与环境的交互来学习最优的控制策略，特别适合未知或复杂环境中的任务。用于自主导航、机器人手眼协调、复杂运动规划等需要探索和学习的场景。Q-learning、深度 Q 网络（DQN）等算法能够让机器人通过试错学习控制策略。

上面这些控制类型覆盖机器人在不同场景下的应用需求，实际应用中可能会根据具体任务要求结合多种控制类型。

6.2 反馈与闭环控制

反馈与闭环控制是控制理论中至关重要的概念，它们密切相关，并且广泛应用于各种机器人系统。反馈是指系统将输出的部分或全部信息返回到输入端，以便对控制信号进行调整。通过反馈，系统可以根据实际输出与期望输出之间的差异（误差）进行修正，从而提高控制精度和系统稳定性。反馈是控制系统的核心机制，使系统能够自我调节并适应外界变化。

6.2.1　开环控制

开环控制是一种不依赖反馈的控制系统。在这种系统中，控制器生成控制信号并直接作用于执行器，系统的输出不反馈回控制器。因此，控制器并不会根据实际的系统输出进行调整。开环控制只根据预定的指令或输入信号进行操作，而不考虑系统的实际输出或外部扰动。

如图 6.1 所示，开环控制系统只包括控制器和执行器，结构简单，没有反馈回路，因此设计和实现相对简单。但由于没有反馈机制，开环控制无法调整外部环境变化或系统内部参数变化引起的偏差，因此容易受到干扰和不确定性影响。

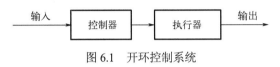

图 6.1　开环控制系统

6.2.2　闭环控制

闭环控制是一种利用反馈的控制结构，它根据实时的反馈信息调整控制信号，使系统输出尽可能接近预定目标。与开环控制不同，闭环控制通过反馈回路持续修正系统输出，从而能够应对系统的不确定性和外部扰动。

如图 6.2 所示，闭环控制系统主要包括：

参考输入：目标值或期望值，系统需要达到的理想状态。

传感器：测量系统的实际输出，如位置传感器、速度传感器或力传感器。

误差计算器：将测量值与参考输入进行比较，计算误差（误差 = 参考输入 − 实际输出）。

控制器：根据误差计算控制信号，以减小误差，使系统实际输出接近参考输入。常见的控制器包括 PID 控制器、自适应控制器等。

执行器：将控制信号转化为实际的物理动作，如电动机驱动机械臂移动。

反馈回路：传感器测量系统的实际输出，并将其反馈给误差计算器，从而形成闭环。

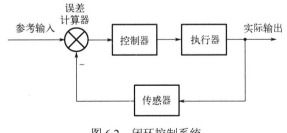

图 6.2　闭环控制系统

6.3　被控对象模型

在机器人控制系统中，被控对象通常是机器人本身或者机器人系统的一部分，包括机械臂、驱动电机、末端执行器等。被控对象的动态行为由控制器通过执行器调节,以实现所需的运动或操作任务。

在控制系统中,被控对象的模型是描述系统动态行为的数学表达式或物理模型,反映控制输入与系统输出之间的关系。该模型用于设计控制算法,使系统输出能够准确地跟踪预定的参考输入。

被控对象模型主要有传递函数模型、状态空间模型。

6.3.1 传递函数模型

传递函数模型是描述线性时不变(LTI)系统动态行为的一种重要工具,通常用于分析和设计控制系统。它以输入/输出关系为基础,用复变函数表示系统的动态特性。

1. 传递函数的概念及模型

传递函数是描述系统输入与输出之间关系的比值。对于一个线性时不变系统,其传递函数 $G(s)$ 定义为输出的拉普拉斯变换 $Y(s)$ 与输入的拉普拉斯变换 $U(s)$ 之比:

$$G(s) = \frac{Y(s)}{U(s)} \tag{6.1}$$

其中,s 是复频域变量(拉普拉斯变换中的复数变量)。

传递函数通常表示为一个分式,即分子与分母都为多项式的形式:

$$G(s) = \frac{b_m s^m + b_{m-1} s^{m-1} + \cdots + b_0}{a_n s^n + a_{n-1} s^{n-1} + \cdots + a_0} \tag{6.2}$$

其中,$b_0, b_1, \cdots, b_m$ 是分子多项式的系数;$a_0, a_1, \cdots, a_n$ 是分母多项式的系数;m 是分子多项式的阶数;n 是分母多项式的阶数。

(1)一阶系统

最简单的传递函数模型是一个一阶系统:

$$G(s) = \frac{K}{\tau s + 1} \tag{6.3}$$

其中,K 是系统的增益;τ 是时间常数,决定系统的响应速度。

一阶系统的时域响应通常表现为一个指数函数,响应速度由时间常数 τ 决定。

(2)二阶系统

一个典型二阶系统的传递函数可以表示为

$$G(s) = \frac{K}{s^2 + 2\zeta\omega_n s + \omega_n^2} \tag{6.4}$$

其中,ω_n 是系统的自然频率,决定振荡的频率;ζ 是阻尼比,决定系统的振荡和稳定性。

根据阻尼比 ζ 的值,二阶系统可能表现出不同的动态行为,如欠阻尼(振荡)、临界阻尼(快速收敛)或过阻尼(缓慢收敛)。

2．传递函数模型的应用

在机械、电子、航空航天等领域，传递函数模型广泛用于描述和分析系统的动态特性。例如，直流电机的传递函数模型可以描述电压输入与转速输出之间的关系，帮助设计合适的速度控制器。直流电机的运行可以用以下几个方程描述。

（1）电气方程

根据电机的电枢电路，电压 V_a 和电枢电流 I_a 之间的关系可以表示为

$$V_a = L_a \frac{\mathrm{d}I_a}{\mathrm{d}t} + R_a I_a + E_b \tag{6.5}$$

其中，V_a 是电枢电压；I_a 是电枢电流；L_a 是电枢电感；R_a 是电枢电阻；E_b 是反电动势。

反电动势 E_b 可以表示为

$$E_b = K_e \omega \tag{6.6}$$

其中，K_e 是反电动势常数；ω 是电机的角速度。

（2）机械方程

根据牛顿第二定律，电机的转矩 T_m 与转动惯量 J 和阻尼系数 B 之间的关系为

$$T_m = J \frac{\mathrm{d}\omega}{\mathrm{d}t} + B\omega + T_L \tag{6.7}$$

其中，T_m 是电机转矩；J 是转动惯量；B 是黏性阻尼系数；T_L 是负载转矩。

电机的转矩与电枢电流之间的关系为

$$T_m = K_t I_a \tag{6.8}$$

其中，K_t 是转矩常数。

（3）速度控制的传递函数

为得到电压 V_a 与角速度 ω 之间的传递函数，将上述方程组合起来，并进行拉普拉斯变换。

首先，将电气方程代入机械方程：

$$V_a - K_e \omega = L_a \frac{\mathrm{d}I_a}{\mathrm{d}t} + R_a I_a \tag{6.9}$$

$$T_m = K_t I_a = J \frac{\mathrm{d}\omega}{\mathrm{d}t} + B\omega + T_L \tag{6.10}$$

在假设负载转矩 $T_L = 0$ 的情况下，且忽略初始条件（零状态响应），可以得到拉普拉斯域下的方程：

$$\begin{aligned} (sL_a + R_a)I_a(s) &= V_a(s) - K_e \omega(s) \\ Js\omega(s) + B\omega(s) &= K_t I_a(s) \end{aligned} \tag{6.11}$$

代入 $I_a(s)$ 并简化，得到

$$\omega(s) = \frac{K_t}{(Js + B)(L_a s + R_a) + K_e K_t} V_a(s) \tag{6.12}$$

这就是直流电机的传递函数，描述输入电压 $V_a(s)$ 和输出角速度 $\omega(s)$ 之间的关系：

$$G(s) = \frac{\omega(s)}{V_a(s)} = \frac{K_t}{(Js + B)(L_a s + R_a) + K_e K_t} \tag{6.13}$$

（4）转矩控制的传递函数

如果只关心电压 V_a 与转矩 T_m 之间的关系，可以简化模型。假设电枢电感 L_a 很小或可以忽略，传递函数为

$$G(s) = \frac{T_m(s)}{V_a(s)} = \frac{K_t}{R_a + K_e s} \tag{6.14}$$

这个模型在很多转矩控制应用中是有效的，特别是高性能的电机控制系统。

静态增益 $\frac{K_t}{K_e}$ 决定电机在稳态下的增益，即输入电压改变对输出速度的影响。时间常数 τ 由电机的转动惯量 J 和黏性阻尼系数 B 决定，决定系统响应速度。

3. 简化模型

在某些情况下，若 L_a 可以忽略，传递函数模型可以进一步简化为一阶系统：

$$G(s) = \frac{K}{\tau s + 1} \tag{6.15}$$

其中，

$$K = \frac{K_t}{B}$$

$$\tau = \frac{J}{B}$$

▶▶ 6.3.2 状态空间模型

状态空间模型是描述动态系统的一种数学模型，特别适用于处理多输入/多输出（Multiple Input Multiple Output，MIMO）系统及线性时不变系统的分析与设计。与传递函数模型不同，状态空间模型以系统的状态变量为基础，能够直观地反映系统的内部动态。

状态空间模型由以下两个方程组成：

状态方程（State Equation）：

$$\dot{x}(t) = Ax(t) + Bu(t) \tag{6.16}$$

输出方程（Output Equation）：

$$y(t) = Cx(t) + Du(t) \tag{6.17}$$

其中，$x(t)$ 是状态向量，表示系统的内部状态；$u(t)$ 是输入向量，表示系统的外部输入；$y(t)$ 是输出向量，表示系统的外部输出；A 是系统矩阵；B 是输入矩阵；C 是输出矩阵；D 是传递矩阵。

状态向量是描述系统当前状态的最小集合，通常与系统的物理特性直接相关（如位置、速度、电流、电压等）。系统矩阵 A 反映系统的内部动力学，即系统状态如何随时间演变。输入矩阵 B 反映外部输入如何影响系统的内部状态。输出矩阵 C 将内部状态映射到系统的输

出。传递矩阵 **D** 通常描述输入直接影响输出的瞬时效应，在很多系统中 **D** 通常为零。

状态空间模型具有如下优点。

适应多输入/多输出系统：状态空间模型能自然地处理多输入/多输出系统，而传递函数模型则较为复杂。

适用于非线性系统：虽然状态空间模型在描述线性时不变系统时最为常用，但也可以扩展用于非线性和时变系统。

系统的内部描述：状态空间模型提供了对系统内部状态的描述，有助于深入理解系统的动态行为。

控制设计便利：在现代控制理论中，如状态反馈、观测器设计、最优控制等，状态空间模型都是核心工具。

假设一个直流电机的动态方程如下：

电气方程：$V_a = L_a \dfrac{\mathrm{d}I_a}{\mathrm{d}t} + R_a I_a + K_e \omega$

机械方程：$T_m = J \dfrac{\mathrm{d}\omega}{\mathrm{d}t} + B\omega + T_L$

状态空间模型的状态变量可以选择为电枢电流 I_a 和角速度 ω。定义状态向量：

$$\boldsymbol{x}(t) = \begin{bmatrix} I_a(t) \\ \omega(t) \end{bmatrix} \tag{6.18}$$

输入为电枢电压 V_a，输出为角速度 ω。状态方程为

$$\begin{bmatrix} \dot{I}_a(t) \\ \dot{\omega}(t) \end{bmatrix} = \begin{bmatrix} -\dfrac{R_a}{L_a} & -\dfrac{K_e}{L_a} \\ -\dfrac{K_t}{J} & -\dfrac{B}{J} \end{bmatrix} \begin{bmatrix} I_a(t) \\ \omega(t) \end{bmatrix} + \begin{bmatrix} \dfrac{1}{L_a} \\ 0 \end{bmatrix} V_a(t) \tag{6.19}$$

输出方程为

$$\omega(t) = \begin{bmatrix} 0 & 1 \end{bmatrix} \begin{bmatrix} I_a(t) \\ \omega(t) \end{bmatrix} \tag{6.20}$$

对应的状态空间模型为

$$\boldsymbol{A} = \begin{bmatrix} -\dfrac{R_a}{L_a} & -\dfrac{K_e}{L_a} \\ -\dfrac{K_t}{J} & -\dfrac{B}{J} \end{bmatrix}, \quad \boldsymbol{B} = \begin{bmatrix} \dfrac{1}{L_a} \\ 0 \end{bmatrix}, \quad \boldsymbol{C} = \begin{bmatrix} 0 & 1 \end{bmatrix}, \quad \boldsymbol{D} = 0 \tag{6.21}$$

这个模型提供了一个系统的全面动态描述，用于分析系统行为、设计控制器以及进行仿真。

6.4　机器人控制方法

机器人控制方法的种类多种多样，通常根据机器人任务的复杂性、精度要求、系统特性

以及应用场景来选择不同的控制方法。常见的控制方法有 PID 控制、模型预测控制、模糊控制等。

6.4.1 PID 控制

PID 控制是常用的控制方法，通过调节比例、积分和微分来控制机器人的运动，确保其到达预定位置或保持稳定的姿态。广泛用于关节控制、位置控制、速度控制等，简单易用，适用于解决大多数线性控制问题。但是对于非线性系统或复杂动态场景，PID 控制器的调参可能较为困难。

1. PID 控制的原理

（1）比例控制（P）

作用：通过控制误差（设定值与实际输出值之间的差异）的大小直接影响控制器输出。比例控制器的输出与误差成正比，因此可以快速响应误差的变化。

公式：$u(t) = K_p \cdot e(t)$。

优点：迅速减小误差，使系统快速响应。

缺点：单独使用时，系统通常会出现稳态误差，无法完全消除误差。

（2）积分控制（I）

作用：通过累计误差的时间积分来影响控制器的输出，从而消除系统的稳态误差。积分项的增加可以修正系统在比例控制下的稳态误差。

公式：$u(t) = K_i \cdot \int_0^t e(\tau)\mathrm{d}\tau$。

优点：可以消除稳态误差，确保系统最终达到设定值。

缺点：过大的积分项可能导致系统响应变慢，甚至引发振荡或不稳定。

（3）微分控制（D）

作用：通过预测误差的变化率来调整控制器的输出，从而抵抗误差的快速变化。微分项的作用是通过增加阻尼来减小系统的过冲，提高系统的稳定性。

公式：$u(t) = K_d \cdot \dfrac{de(t)}{dt}$。

优点：可以减小过冲，提高系统的动态响应性能。

缺点：微分项对噪声敏感，可能导致系统输出抖动。

PID 控制器的输出是上述三个部分的总和，可以表示为

$$u(t) = K_p \cdot e(t) + K_i \cdot \int_0^t e(\tau)\mathrm{d}\tau + K_d \cdot \frac{de(t)}{dt} \tag{6.22}$$

其中，$u(t)$ 是控制器的输出；$e(t)$ 是当前的误差，即设定值与实际输出值的差；K_p 是比例增益；K_i 是积分增益；K_d 是微分增益。

PID 控制的性能依赖三个参数 K_p、K_i、K_d 的正确调节。调节过程通常采用经验法或自动调节算法进行，以找到最优参数，使系统达到最佳控制效果。

2．PID 控制在机器人中的应用

PID 控制在机器人运动控制中极为常见，特别是在位置控制和速度控制中。

（1）位置控制：在机械臂或移动机器人中，PID 控制常用于精确定位。例如，机械臂的关节角度可以通过 PID 控制来确保末端执行器到达目标位置并保持稳态。

（2）速度控制：在轮式机器人中，PID 控制可用于调整轮子的转速，确保机器人以所需速度移动。通过对速度误差的 PID 控制，机器人能够平稳加速或减速，保持预定速度。

（3）姿态控制：在无人机、无人车和两轮平衡车等需要姿态稳定的机器人中，PID 控制用于调整和维持系统的姿态。

（4）路径跟踪：PID 控制通过调节机器人的转向角度和速度，确保其在运动过程中准确跟随预定路径。广泛用于自动导航系统。

（5）力控制：PID 控制也用于机器人与环境相互作用时的力控制任务。在精密装配或物体抓取任务中，PID 控制可用于调整末端执行器施加的力，确保抓取过程中的安全性和稳定性。通过实时调节力传感器的反馈误差，PID 控制确保施加的力符合预期。

3．PID 控制的特点

PID 控制在机器人中的优势如下。

简单性：PID 控制结构简单，易于理解和实现，不需要复杂的数学模型或计算。

实时性：PID 控制具有良好的实时响应能力，能够快速应对系统误差。

鲁棒性：PID 控制对系统的不确定性和外部干扰具有一定的鲁棒性，在许多实际应用中表现稳定。

广泛适用性：PID 控制适用于各种类型的机器人控制任务，包括位置控制、速度控制、姿态控制等。

PID 控制在机器人中的局限性如下。

对非线性系统的控制能力有限：PID 控制对非线性或强耦合系统的控制能力有限，在这些场景中可能需要更复杂的控制策略。

调参困难：PID 控制的性能依赖参数 K_p、K_i、K_d 的调节，调参过程有时较为复杂，尤其是在多变量系统中。

滞后和超调：在响应快速变化的输入时，PID 控制可能会产生滞后和超调，影响系统的稳定性和精度。

PID 控制方法以简单、有效、鲁棒性强等特点，广泛应用于机器人控制中的各类任务。无论是在运动控制、姿态控制还是在力控制等领域，PID 控制都能发挥重要作用。然而，对于更加复杂的控制任务，PID 控制可能需要结合其他控制策略或进行适当的改进，以满足更高的性能要求。

6.4.2　模型预测控制

模型预测控制（Model Predictive Control，MPC）是一种基于优化的控制方法，其主要特点是在每个采样时刻通过求解一个优化问题来预测和优化系统的未来行为。MPC 尤其适用于多输入/多输出系统以及存在约束条件的复杂动态系统。

MPC 的核心思想是在每个采样时刻利用系统的模型预测未来一段时间内的系统输出，并通过优化一个目标函数来确定最优的控制输入。MPC 的主要步骤如下。

预测：根据当前系统状态和数学模型，预测未来一段时间内系统的输出。

优化：基于预测结果，优化目标函数（如跟踪误差最小化），并计算未来一段时间内的最优控制序列。

滚动时域优化：虽然在每个时刻计算出的是未来多步的控制输入序列，但只应用当前时刻的控制输入，之后重复这个过程，以适应系统的动态变化。

1. MPC 的结构与数学描述

（1）系统模型

MPC 依赖系统的数学模型，通常以状态空间模型描述：

$$
\begin{aligned}
x(k+1) &= Ax(k) + Bu(k) \\
y(k) &= Cx(k) + Du(k)
\end{aligned}
\tag{6.23}
$$

其中，$x(k)$ 是时刻 k 的状态向量；$u(k)$ 是时刻 k 的控制输入；$y(k)$ 是时刻 k 的输出；A、B、C、D 是系统矩阵，描述系统的动力学特性。

对于非线性系统，模型可能具有非线性形式：

$$
\begin{aligned}
x(k+1) &= f(x(k), u(k)) \\
y(k) &= g(x(k), u(k))
\end{aligned}
\tag{6.24}
$$

其中，f 和 g 是非线性函数。

（2）预测时域

MPC 通过在未来 N 步内预测系统行为来进行优化。预测时域内的系统状态和输出可以表示为

$$
\begin{aligned}
x(k+1) &= Ax(k) + Bu(k) \\
x(k+2) &= Ax(k+1) + Bu(k+1) = A(Ax(k) + Bu(k)) + Bu(k+1) \\
&\vdots \\
x(k+N) &= A^N x(k) + A^{N-1} Bu(k) + \cdots + Bu(k+N+1)
\end{aligned}
\tag{6.25}
$$

系统输出则为

$$
y(k+i) = Cx(k+i) + Du(k+i)
\tag{6.26}
$$

通过这些方程，可以预测未来 N 步的系统输出。

（3）优化问题

MPC 通过最小化一个目标函数来优化控制输入。这个目标函数通常是期望输出与预测输出的偏差和控制输入的加权和：

$$
J = \sum_{i=1}^{N} \left(\left\| y(k+i) - r(k+i) \right\|_Q^2 + \left\| u(k+i-1) \right\|_R^2 \right)
\tag{6.27}
$$

其中，$r(k+i)$ 是时刻 $k+i$ 的参考轨迹；Q 和 R 是权重矩阵，分别衡量输出误差和控制输入的贡献。

目标函数反映系统在预测时域内的行为期望，控制目标是使输出尽可能接近参考轨迹，同时最小化控制输入的变化。

（4）约束条件

MPC 能够处理各种物理约束和操作限制，这使它特别适用于现实世界的应用。常见的约束包括：

输入约束：控制输入的上下限，$u_{\min} \leqslant u(k+i) \leqslant u_{\max}$。

状态约束：系统状态的物理限制，$x_{\min} \leqslant x(k+i) \leqslant x_{\max}$。

输出约束：系统输出的限制，$y_{\min} \leqslant y(k+i) \leqslant y_{\max}$。

这些约束条件通过优化问题中的限制条件体现，确保控制输入和系统行为在物理范围和安全限制内运行。

（5）滚动时域优化

在每个采样时刻，MPC 优化出一个未来 N 步的控制输入序列 $u(k), u(k+1), \cdots, u(k+N-1)$。然而，MPC 只应用第一个控制输入 $u(k)$ 来驱动系统，然后进入下一个时刻 $k+1$，再次进行预测和优化。通过这种滚动优化策略，MPC 能够在面对扰动、模型不确定性以及动态环境变化时，始终保持对系统的有效控制。

2．MPC 在机器人中的应用

MPC 在机器人中的应用广泛而多样，特别适合复杂动态环境下的机器人控制任务。MPC 在机器人领域的主要应用和优势如下所述。

（1）路径规划与轨迹跟踪

MPC 在机器人路径规划和轨迹跟踪中具有显著优势。

路径规划：MPC 考虑障碍物、地形变化和动态环境（如移动的障碍物），实时生成最优路径。通过优化未来一段时间内的路径，MPC 能够在保持目标达成的同时，最大化安全性和效率。

轨迹跟踪：MPC 能够处理非线性动态系统，预测未来的轨迹偏差，并通过调整控制输入（如速度、转向角）来最小化偏差，确保机器人准确跟随预定轨迹。这在自动驾驶、无人机控制中尤为重要。

（2）机器人避障

避障是移动机器人控制中的关键任务，尤其是在动态和复杂环境中。

动态避障：MPC 能够实时预测障碍物的运动，并调整机器人的运动轨迹，以避免碰撞。MPC 通过优化未来时域内的控制输入，确保机器人在避障的同时尽量接近目标路径。

多约束处理：MPC 能够同时处理多个约束条件，如速度限制、加速度限制以及环境中的障碍物。这使得机器人在复杂环境中能够做出合理的避障决策。

（3）机械臂的运动控制

在工业机器人和服务机器人的操作中，机械臂的精确运动控制至关重要。

关节空间控制：MPC 控制机械臂的每个关节的运动，通过优化未来时域内的关节角度和速度，实现机械臂的精确定位和运动控制。

末端执行器控制：MPC 能够处理机械臂末端执行器的轨迹规划问题，确保在搬运物体、装配等任务中，机械臂能够精确地跟踪预定轨迹，并且在过程中满足操作的速度、力以及避障等约束。

（4）多机器人协作

在多机器人系统中，各个机器人之间需要进行有效的协作，以完成复杂的任务。

协作任务分配：MPC 优化任务的分配和协调，确保各个机器人合理分配任务、避免冲突，并最大化系统整体效率。

队形控制：在多机器人编队中，MPC 能够实时调整每个机器人的位置和速度，维持编队队形，并同时考虑个体机器人之间的避碰要求。

（5）自主导航

MPC 在自主导航任务中具有重要作用，特别适用于无人驾驶车辆、无人机和自主移动机器人。

复杂环境中的导航：MPC 实时优化控制输入，能够使机器人在未知或半已知环境中自适应导航，处理动态障碍物和环境变化。

多模式切换：在自主导航中，机器人可能需要在不同模式下工作（如巡航、避障、到达目标位置等）。MPC 能够根据环境和任务需求灵活切换控制模式，确保任务的顺利完成。

（6）力控制与接触任务

在一些任务中，机器人需要与外界环境发生接触，如物体抓取、装配、力反馈操作等。

接触力控制：MPC 能够精确控制机器人在接触任务中的力，确保操作的安全性和稳定性。这对机器人执行复杂装配任务或处理柔性物体尤为重要。

力/位置混合控制：MPC 考虑力控制和位置控制的需求，通过优化未来的控制输入，确保机器人在操作过程中既能保持力的稳定，又能满足位置精度要求。

3．MPC 控制的特点

（1）MPC 控制在机器人中的优势

前瞻性控制：MPC 通过预测未来系统行为，能够在控制决策中考虑长远影响，这在动态和复杂环境下尤为有用。

多约束处理：MPC 能够同时处理多种约束条件，在现实应用中具有很高的实用性。

适应复杂动态环境：MPC 能够实时调整控制策略，应对环境的快速变化。

（2）MPC 控制在机器人中的局限性

计算复杂度高：MPC 的计算需求较高，尤其是在高维系统或需要长预测时域的情况下。

依赖模型精度：MPC 的性能依赖系统模型的准确性，模型的不准确性可能会导致次优或不稳定的控制效果。

实时性挑战：在需要高频控制更新的场景中，MPC 的计算时间可能会影响控制性能。为满足实时性需求，MPC 在机器人应用中通常采用高效的优化算法，如快速梯度法、内点法，或利用并行计算技术加速优化过程。在一些实时应用中，可以使用简化的机器人模型或线性化模型来降低计算复杂度，同时保留足够的控制精度。

MPC 在机器人应用中表现出色，特别适用于需要多目标优化、复杂动态环境应对、多约束处理的任务。通过实时预测和优化，MPC 能够有效控制机器人的运动、力反馈、路径规划等。然而，MPC 在计算复杂度和模型依赖性方面也存在一定的挑战，因此实际应用中需要权衡性能与实时性需求，并不断优化算法和模型。

6.5　基于李雅普诺夫定理的控制器稳定性分析

李雅普诺夫定理在机器人控制中主要用于设计和验证控制算法的稳定性。构造一个适当的李雅普诺夫函数，可以确保机器人的控制系统在执行任务时稳定运行，避免出现不期望的行为，如振荡、发散或失控。

6.5.1　李雅普诺夫定理

李雅普诺夫定理是一种用于确定非线性动力学系统稳定性的重要数学方法。它构造一个李雅普诺夫函数来判断系统的状态是否会随着时间的推移趋向于平衡点（稳定点）。其中，稳定是指系统在受到微小扰动后能够回到原来的平衡状态或保持在一个稳定的状态下。平衡点是系统状态在无输入或干扰的情况下保持不变的点，即系统状态的导数为零的位置。

1. 李雅普诺夫函数

李雅普诺夫函数 $V(\boldsymbol{x})$ 是一种标量函数，用于描述系统状态的"能量"或"距离"，具有以下特性。

正定性：对所有 $\boldsymbol{x} \neq 0$，有 $V(\boldsymbol{x}) > 0$，且 $V(0) = 0$。

单调递减性：李雅普诺夫函数随时间的导数 $\dot{V}(\boldsymbol{x})$ 必须小于或等于零，即 $\dot{V}(\boldsymbol{x}) \leq 0$，表明系统的能量随时间减少或保持不变。

2. 李雅普诺夫定理

李雅普诺夫定理可以分为**第一定理**（间接法）和**第二定理**（直接法）。

（1）第一定理（间接法）

局部稳定性：如果线性化系统在平衡点处的雅可比矩阵的特征值的实部均为负，则平衡点是局部渐近稳定的。这种方法适用于非线性系统的线性化分析。

（2）第二定理（直接法）

局部渐近稳定性：如果在平衡点附近存在一个李雅普诺夫函数 $V(\boldsymbol{x})$，具有连续的一阶偏导数，满足①$V(\boldsymbol{x})$ 正定；②$\dot{V}(\boldsymbol{x})$ 负定，则平衡点是局部渐近稳定的。

全局渐近稳定性：如果对整个状态空间存在一个李雅普诺夫函数 $V(\boldsymbol{x})$，具有连续的一阶偏导数，满足①$V(\boldsymbol{x})$ 正定；②$\dot{V}(\boldsymbol{x})$ 负定；③$\lim_{\|x\| \to \infty} V(\boldsymbol{x}) = \infty$ 则平衡点是全局渐近稳定的。

在渐近稳定的情况下，系统状态随着时间推移将趋向平衡点。

6.5.2　李雅普诺夫稳定性分析流程

步骤 1：确定系统的动力学方程

对于给定的系统，先写出它的状态空间形式：

$$\dot{\boldsymbol{x}} = \boldsymbol{f}(\boldsymbol{x}) \tag{6.28}$$

其中，x 是系统状态向量，$f(x)$ 是系统的非线性函数。

步骤 2：选择李雅普诺夫函数

选择一个适当的标量函数 $V(x)$，这个函数通常与系统的能量或状态误差有关，且满足正定性条件。常见的选择有

$$V(x) = \frac{1}{2} x^{\mathrm{T}} P x \tag{6.29}$$

其中，P 是对称的正定矩阵。

步骤 3：计算李雅普诺夫函数的导数

计算李雅普诺夫函数随时间的导数 $\dot{V}(x)$：

$$\dot{V}(x) = \frac{\partial V}{\partial x} \dot{x} = \frac{\partial V}{\partial x} f(x) \tag{6.30}$$

步骤 4：分析稳定性

根据 $\dot{V}(x)$ 的符号，判断系统的稳定性：

如果对所有 $x \neq 0$，有 $\dot{V}(x) < 0$，则系统是渐近稳定的。

如果 $\dot{V}(x) \leq 0$，则系统是稳定的（不一定渐近稳定）。

如果在某些区域 $\dot{V}(x) > 0$，则系统是不稳定的。

构造李雅普诺夫函数是分析系统稳定性的核心，但并没有通用的构造方法，通常依赖经验和系统的具体形式。

对于简单系统，李雅普诺夫函数可以直接选择为状态变量的二次型，如 $V(x) = \frac{1}{2} x^{\mathrm{T}} x$。

对于复杂系统，李雅普诺夫函数可能需要结合系统的物理意义、能量函数、误差动态等因素来构造。

李雅普诺夫定理的优点：可以直接用于非线性系统的稳定性分析，而不需要线性化；可以分析系统的全局稳定性，而不仅限于局部区域。

6.5.3 李雅普诺夫机器人控制器设计

基于李雅普诺夫稳定性分析的机器人控制系统利用李雅普诺夫定理来设计控制器，以确保机器人系统的稳定性。李雅普诺夫稳定性分析是一种强有力的方法，特别适用于非线性控制系统。

1. 系统描述

在机器人控制中，目标通常是使机器人执行特定的任务，如轨迹跟踪、姿态控制或力控制。为了保证机器人在执行任务时的稳定性，李雅普诺夫稳定性分析提供了一种方法——构造一个李雅普诺夫函数来分析系统的稳定性。

考虑一个典型的机器人系统，如一个机械臂或移动机器人，系统可以用以下状态空间方程描述：

$$\dot{x}(t) = f(x(t)) + g(x(t)) u(t) \tag{6.31}$$

其中，

$x(t)$ 是系统的状态向量，表示机器人在某一时刻的状态，如位置、速度等；

$u(t)$ 是控制输入，表示需要施加的控制力或扭矩；

$f(x(t))$ 是系统的本质动力学特性（未受控时的动力学行为）；

$g(x(t))$ 是控制输入与状态的关系。

2．李雅普诺夫函数的选择

为了分析系统的稳定性，需要选择一个合适的李雅普诺夫函数 $V(x)$。这个函数通常是系统状态的正定函数，并且满足以下条件：

① $V(x) > 0$，当 $x \neq 0$ 时；

② $V(x) = 0$，当 $x = 0$ 时；

③ $V(x)$ 越大，表示系统状态偏离平衡点 $x = 0$ 的程度越大。

常用的李雅普诺夫函数形式为

$$V(x) = \frac{1}{2} x^{\mathrm{T}} P x \tag{6.32}$$

其中，P 是一个对称的正定矩阵。对于机械臂控制，常见的李雅普诺夫函数包括动能、势能或二者的组合。

3．李雅普诺夫函数导数的计算

计算李雅普诺夫函数关于时间的导数 $\dot{V}(x)$ 是分析系统稳定性的关键。根据系统状态方程，导数 $\dot{V}(x)$ 表达式为

$$\dot{V}(x) = \frac{\partial V}{\partial x} \dot{x} = \frac{\partial V}{\partial x}(f(x) + g(x)u) \tag{6.33}$$

为了确保系统稳定性，需要设计控制律 $u(t)$ 使得 $\dot{V}(x)$ 为负定或半负定的，即

$$\dot{V}(x) \leqslant 0$$

4．设计控制器

基于李雅普诺夫稳定性分析，控制器的设计目标是使系统状态趋于零点，即使得系统在时间趋近无穷时达到稳定状态。

5．稳定性分析

根据设计的控制律，重新计算李雅普诺夫函数的导数 $\dot{V}(x)$。如果 $\dot{V}(x)$ 是负定的，则系统是渐近稳定的，即系统状态将随时间收敛至平衡点。

全局渐近稳定性：如果 $\dot{V}(x) < 0$ 对所有 $x \neq 0$ 都成立，则系统是全局渐近稳定的。这意味着无论初始状态如何，系统都会最终收敛到平衡点。

局部渐近稳定性：如果 $\dot{V}(x) \leqslant 0$ 只在某个局部区域内成立，则系统是局部渐近稳定的。这种情况表示系统只在平衡点附近的某个范围内是稳定的。

6.5.4 李雅普诺夫定理在机器人系统中的应用

1. 移动机器人

在移动机器人路径跟踪控制中，李雅普诺夫定理常用于设计路径跟踪控制器。构造基于路径误差的李雅普诺夫函数，可以确保机器人稳定跟踪预定路径。

2. 机械臂

在机械臂的末端轨迹控制中，李雅普诺夫定理用于设计控制律，确保末端执行器能够精确且稳定地跟随目标轨迹。通常，李雅普诺夫函数可以基于关节空间的误差或工作空间的误差来构造。

3. 无人机控制

无人机的姿态和轨迹控制也常使用李雅普诺夫定理。构造基于姿态角或速度误差的李雅普诺夫函数，可以设计稳定的姿态控制器，确保无人机在飞行过程中保持预定姿态或轨迹。

4. 李雅普诺夫机器人控制方法特点

（1）李雅普诺夫机器人控制优势

适用于非线性系统：李雅普诺夫定理不需要将系统线性化，可直接应用于非线性系统。

不依赖于系统的解：无需求解系统的微分方程，只需构造和分析李雅普诺夫函数。

提供系统全局稳定性条件：在适当条件下，可以证明系统的全局稳定性。

（2）李雅普诺夫机器人控制局限性

李雅普诺夫函数的选择：对于复杂系统，选择合适的李雅普诺夫函数可能非常困难。

保守性：在某些情况下，李雅普诺夫定理可能过于保守，导致设计的控制器性能不够理想。

依赖系统模型：需要精确的系统模型，实际系统中的建模误差可能会影响分析结果。

李雅普诺夫定理是设计和验证机器人控制系统稳定性的强大工具。通过合理选择李雅普诺夫函数和设计控制律，可以确保机器人的稳定性和可靠性。尽管在选择李雅普诺夫函数时可能面临挑战，但其在非线性控制系统中的应用价值使其成为机器人控制领域的重要方法。

6.6   机器人控制算法设计实例

6.6.1   三轮全向机器人小车控制算法设计案例

三轮全向机器人小车的运动学模型表示如下：

$$
\begin{bmatrix} v_1 \\ v_2 \\ v_3 \end{bmatrix} = \begin{bmatrix} \cos\theta & \sin\theta & -r \\ -\cos\left(\dfrac{\pi}{3}-\theta\right) & \sin\left(\dfrac{\pi}{3}-\theta\right) & -r \\ -\cos\left(\dfrac{\pi}{3}+\theta\right) & -\sin\left(\dfrac{\pi}{3}+\theta\right) & -r \end{bmatrix} \begin{bmatrix} V_x \\ V_y \\ W \end{bmatrix} = \begin{bmatrix} 1 & 0 & -r \\ -\dfrac{1}{2} & \dfrac{\sqrt{3}}{2} & -r \\ -\dfrac{1}{2} & -\dfrac{\sqrt{3}}{2} & -r \end{bmatrix} \begin{bmatrix} v_x \\ v_y \\ \omega \end{bmatrix} \tag{6.34}
$$

逆运动学表示如下：

$$\begin{bmatrix} v_x \\ v_y \\ \omega \end{bmatrix} = \begin{bmatrix} \dfrac{2}{3} & -\dfrac{1}{3} & -\dfrac{1}{3} \\ 0 & \dfrac{\sqrt{3}}{3} & -\dfrac{\sqrt{3}}{3} \\ -\dfrac{1}{3r} & -\dfrac{1}{3r} & -\dfrac{1}{3r} \end{bmatrix} \begin{bmatrix} v_1 \\ v_2 \\ v_3 \end{bmatrix} \tag{6.35}$$

根据上述两个方程可以得到机器人小车局部坐标系和全局坐标系下的速度关系：

$$\begin{bmatrix} \dot{x} \\ \dot{y} \\ \dot{\theta} \end{bmatrix} = \begin{bmatrix} V_x \\ V_y \\ W \end{bmatrix} = \begin{bmatrix} \cos\theta & -\sin\theta & 0 \\ \sin\theta & \cos\theta & 0 \\ 0 & 0 & 1 \end{bmatrix} \begin{bmatrix} v_x \\ v_y \\ \omega \end{bmatrix} \tag{6.36}$$

以及当前时刻机器人小车的期望速度：

$$\begin{bmatrix} \dot{x}^* \\ \dot{y}^* \\ \dot{\theta}^* \end{bmatrix} = \begin{bmatrix} \cos\theta^* & -\sin\theta^* & 0 \\ \sin\theta^* & \cos\theta^* & 0 \\ 0 & 0 & 1 \end{bmatrix} \begin{bmatrix} v_x^* \\ v_y^* \\ \omega^* \end{bmatrix} \tag{6.37}$$

同时，当前时刻的误差向量为

$$\boldsymbol{e} = \begin{bmatrix} e_1 \\ e_2 \\ e_3 \end{bmatrix} = \begin{bmatrix} \cos\theta & \sin\theta & 0 \\ -\sin\theta & \cos\theta & 0 \\ 0 & 0 & 1 \end{bmatrix} \begin{bmatrix} x^* - x \\ y^* - y \\ \theta^* - \theta \end{bmatrix} \tag{6.38}$$

可以选择李雅普诺夫函数为 $V(\boldsymbol{e}) = \dfrac{1}{2} \boldsymbol{e}^{\mathrm{T}} \boldsymbol{e}$，表示当前系统状态与目标状态的距离，只有当 $\boldsymbol{e} = \boldsymbol{0}$ 时，才有 $V(\boldsymbol{e}) = 0$。为了使系统渐近稳定，还需要使李雅普诺夫函数满足以下几个条件：

① $V(\boldsymbol{e})$ 是正定的；

② $\dot{V}(\boldsymbol{e})$ 是负定的；

③ 当 $\|\boldsymbol{e}\| \to \infty$ 时，$V(\boldsymbol{e}) \to \infty$。

首先，计算误差向量在当前时刻的导数：

$$\dot{\boldsymbol{e}} = \begin{bmatrix} \dot{e}_1 \\ \dot{e}_2 \\ \dot{e}_3 \end{bmatrix} = \begin{bmatrix} -v_x + \omega e_2 + v_x^* \cos e_3 - v_y^* \sin e_3 \\ -v_y - \omega e_1 + v_x^* \sin e_3 + v_y^* \cos e_3 \\ \omega^* - \omega \end{bmatrix} \tag{6.39}$$

由式（6.38）和式（6.39）可以推导李雅普诺夫函数的导数：

$$\begin{aligned} \dot{V}(\boldsymbol{e}) = \boldsymbol{e}^{\mathrm{T}} \dot{\boldsymbol{e}} &= e_1 \dot{e}_1 + e_2 \dot{e}_2 + e_3 \dot{e}_3 \\ &= (-v_x + v_x^* \cos e_3 - v_y^* \sin e_3) e_1 + (-v_y + v_x^* \sin e_3 + v_y^* \cos e_3) e_2 + (-\omega + \omega^*) e_3 \end{aligned} \tag{6.40}$$

因此，为了使李雅普诺夫函数导数负定，可以选择如下控制律：

$$v_x = k_1 e_1 + v_x^* \cos e_3 - v_y^* \sin e_3$$

$$v_y = k_2 e_2 + v_x^* \sin e_3 + v_y^* \cos e_3 \qquad (6.41)$$

$$\omega = k_3 e_3 + \omega^*$$

其中，k_1、k_2、k_3 为正的控制增益参数。由此得到的李雅普诺夫函数的导数是负定的，即满足

$$\dot{V}(e) = -k_1 e_1^2 - k_2 e_2^2 - k_3 e_3^2 < 0 \qquad (6.42)$$

利用李雅普诺夫定理设计的这个控制器可以确保三轮全向移动机器人小车在平面内稳定地移动到目标位置，实现系统的全局渐近稳定性。

6.6.2　三自由度机械臂控制算法设计案例

假设一个三自由度机械臂的每个关节都有独立的驱动系统。设关节角度为 $\boldsymbol{q} = [q_1, q_2, q_3]^\mathrm{T}$，每个关节的角速度为 $\dot{\boldsymbol{q}} = [\dot{q}_1, \dot{q}_2, \dot{q}_3]^\mathrm{T}$，则根据 4.2.3 节所述，该机械臂的动力学方程可以表示为

$$\boldsymbol{M}(\boldsymbol{q})\ddot{\boldsymbol{q}} + \boldsymbol{C}(\boldsymbol{q}, \dot{\boldsymbol{q}})\dot{\boldsymbol{q}} + \boldsymbol{G}(\boldsymbol{q}) + \boldsymbol{F}(\dot{\boldsymbol{q}}) = \boldsymbol{\tau} \qquad (6.43)$$

其中，

$\boldsymbol{M}(\boldsymbol{q})$ 为机械臂的 3×3 惯性矩阵，具体形式为

$$\boldsymbol{M}(\boldsymbol{q}) = \begin{bmatrix} M_{11} & M_{12} & M_{13} \\ M_{21} & M_{22} & M_{23} \\ M_{31} & M_{32} & M_{33} \end{bmatrix}$$

$\boldsymbol{C}(\boldsymbol{q}, \dot{\boldsymbol{q}})\dot{\boldsymbol{q}}$ 为 3×1 的科里奥利力和离心力矢量：

$$\boldsymbol{C}(\boldsymbol{q}, \dot{\boldsymbol{q}})\dot{\boldsymbol{q}} = [C_1 \quad C_2 \quad C_3]^\mathrm{T}$$

$\boldsymbol{G}(\boldsymbol{q})$ 为 3×1 重力矢量：

$$\boldsymbol{G}(\boldsymbol{q}) = [G_1 \quad G_2 \quad G_3]^\mathrm{T}$$

$\boldsymbol{F}(\dot{\boldsymbol{q}})$ 为 3×1 摩擦力矢量；

$\boldsymbol{\tau} = [\tau_1, \tau_2, \tau_3]^\mathrm{T}$ 为关节的控制力矩向量。

以三自由度机械臂（假设连杆质量都集中在连杆的末端）为例，惯性矩阵的系数为

$$\begin{cases} M_{11} = (m_1 + m_2 + m_3)l_1^2 + (m_2 + m_3)l_2^2 + m_3 l_3^2 + 2(m_2 + m_3)l_1 l_2 c_2 + 2m_3 l_1 l_3 c_{23} + 2m_3 l_2 l_3 c_3 \\ M_{12} = (m_2 + m_3)l_2^2 + m_3 l_3^2 + (m_2 + m_3)l_1 l_2 c_2 + c_{25} + 2m_3 l_2 l_3 c_3 \\ M_{13} = m_3 l_3^2 + m_3 l_1 l_3 c_{23} + m_3 l_2 l_3 c_3 \\ M_{21} = M_{12} \\ M_{22} = (m_2 + m_3)l_2^2 + m_3 l_3^2 + 2m_3 l_2 l_3 c_3 \\ M_{23} = m_3 l_3^2 + m_3 l_2 l_3 c_3 \\ M_{31} = M_{13} \\ M_{32} = M_{23} \\ M_{33} = m_3 l_3^2 \end{cases}$$

科里奥利力和离心力矢量的系数为

$$\begin{cases} C_1 = -(m_2 + m_3)l_1l_2s_2c_2(2\dot{q}_1 + \dot{q}_2)\dot{q}_2 - m_3l_1l_3(2\dot{q}_1 + \dot{q}_2 + \dot{q}_3)(\dot{q}_2 + \dot{q}_3)s_{23} - m_3l_2l_3(2\dot{q}_1 + 2\dot{q}_2 + \dot{q}_3)\dot{q}_3s_3 \\ C_2 = (m_2 + m_3)l_1l_2\dot{q}_1^2s_2 + m_3l_1l_3\dot{q}_1^2s_{23} - m_3l_2l_3(2\dot{q}_1 + 2\dot{q}_2 + \dot{q}_3)\dot{q}_3s_3 \\ C_3 = m_3l_1l_3\dot{q}_1^2s_{23} + m_3l_2l_3(\dot{q}_1 + \dot{q}_2)^2s_3 \end{cases}$$

重力矢量的系数为

$$\begin{cases} G_1 = m_3g(l_1c_1 + l_2c_{12} + l_3c_{123}) + m_2g(l_1c_1 + l_2c_{12}) + m_1gl_1c_1 \\ G_2 = m_3g(l_2c_{12} + l_3c_{123}) + m_2gl_2c_{12} \\ G_3 = m_3gl_3c_{123} \end{cases}$$

当前关节角度的误差向量可以记为 $e = q^* - q$，则可以选择李雅普诺夫函数为

$$V(e, \dot{e}) = \frac{1}{2}\dot{q}^\mathrm{T}M(q)\dot{q} + \frac{1}{2}e^\mathrm{T}K_\mathrm{p}e \tag{6.44}$$

其中，K_p 为正定的位置增益矩阵，通常为对角矩阵，用于调节系统的稳定性。这个函数表示系统的总能量，同时只有当 $e = 0$ 和 $\dot{e} = 0$ 时，才有 $V(e, \dot{e}) = 0$。为了使系统全局渐近稳定，还需要使李雅普诺夫函数满足以下几个条件：

（1）$V(e)$ 是正定的；

（2）$\dot{V}(e)$ 是负定的；

（3）当 $\|e\| \to \infty$ 时，$V(e) \to \infty$。

对上述李雅普诺夫函数求导，可以得到

$$\begin{aligned} \dot{V}(e, \dot{e}) &= \dot{q}^\mathrm{T}M(q)\ddot{q} + \frac{1}{2}\dot{q}^\mathrm{T}\dot{M}(q)\dot{q} + \dot{e}^\mathrm{T}K_\mathrm{p}e \\ &= \dot{q}^\mathrm{T}M(q)\ddot{q} + \frac{1}{2}\dot{q}^\mathrm{T}\dot{M}(q)\dot{q} - \dot{q}^\mathrm{T}K_\mathrm{p}e \\ &= \dot{q}^\mathrm{T}\left[\tau - C(q, \dot{q})\dot{q} - G(q) - F(\dot{q}) + \frac{1}{2}\dot{M}(q)\dot{q} - K_\mathrm{p}e\right] \\ &= \dot{q}^\mathrm{T}[\tau - G(q) - F(\dot{q}) - K_\mathrm{p}e] \end{aligned}$$

上式中最后一步用到一个恒等关系式：

$$\frac{1}{2}\dot{q}^\mathrm{T}\dot{M}(q)\dot{q} = \dot{q}^\mathrm{T}C(q, \dot{q})\dot{q} \tag{6.45}$$

通过代入前述动力学方程各系数矩阵可以简单地证明该等式是成立的。

因此，可以选择以下控制律：

$$\tau = K_\mathrm{p}e + G(q) - K_\mathrm{d}\dot{q} - F(\dot{q}) \tag{6.46}$$

其中，K_d 为速度反馈增益矩阵，通常为对角矩阵。代入该控制律，得到李雅普诺夫函数的导数为

$$\dot{V}(e, \dot{e}) = -\dot{q}^\mathrm{T}K_\mathrm{d}\dot{q} \tag{6.47}$$

只要 K_d 正定，则该式非负。考虑系统是否最终会稳定在某个非零误差处：因为 $\dot{V}(e, \dot{e})$ 沿

轨迹保持为零的必要条件是满足 $\dot{\boldsymbol{q}}=\boldsymbol{0}$ 和 $\ddot{\boldsymbol{q}}=\boldsymbol{0}$，将该情况与前述选择的控制律代入机械臂动力学方程，可以得到

$$\boldsymbol{K}_{\mathrm{p}}\boldsymbol{e}=\boldsymbol{0}$$

又因为 $\boldsymbol{K}_{\mathrm{p}}$ 是非奇异的正定矩阵，有

$$\boldsymbol{e}=\boldsymbol{0}$$

因此，前述选择的控制律 $\boldsymbol{\tau}$ 可以保证三自由度机械臂在从任意初始状态到目标状态的运动过程中具有全局渐近稳定性。选择合适的李雅普诺夫函数和控制律，可以确保机械臂实现期望的运动轨迹，同时能够应对非线性动力学模型中的各种复杂影响。

6.7 习   题

1. 简述智能机器人控制器的作用。
2. 简述李雅普诺夫机器人控制器的原理。
3. 简述 MPC 控制的原理。
4. 简述 PID 控制的原理。

第7章

机器人控制决策硬件系统

7.1　机器人控制决策硬件系统概述

机器人控制决策硬件系统是机器人实现自主行为的核心部分，负责处理传感器数据、执行控制算法、进行决策并控制执行器的动作。整个系统主要包括用于下层实时控制的嵌入式微控制器系统和上层用于决策处理的嵌入式微处理器系统。

嵌入式微控制器系统是机器人控制系统的核心，用于实时执行传感器数据处理、执行控制算法以及管理机器人各个子系统。嵌入式微控制器系统的设计和实现通常需要考虑低功耗、高实时性和高可靠性等特点。嵌入式微控制器芯片通常采用微控制器 ARM Cortex-M 系列和 RISC-V 等微控制器内核，适合实时控制和低功耗应用。时钟系统提供精确的时钟信号，确保微控制器按照预期的节拍执行任务，由于对控制器的实时性有一定要求，因此在其上常常运行裸机程序或者嵌入式实时操作系统。在外设接口方面，借助嵌入式微控制器的外设接口，实现如下功能：1）数字 I/O 引脚，用于连接各种传感器和执行器，可以配置为输入或输出；2）模数转换器（ADC），将模拟传感器信号转换为数字信号给微控制器处理；3）数模转换器（DAC），将微控制器的数字信号转换为模拟信号，用于控制模拟执行器；4）脉宽调制（PWM）输出，用于控制电机速度、LED 亮度等需要调节的执行器；5）串行通信接口，包括 UART、SPI 和 I^2C 等，用于与其他模块或传感器进行通信；6）总线接口，包括 RS485 总线和 CAN 总线，用于与驱动器通信。

嵌入式微处理器系统是一个高度集成的硬件与软件平台，专门用于在资源受限的嵌入式环境中实现复杂的决策过程，应用于机器人实现自主导航、路径规划、任务执行以及环境交互。嵌入式微处理器芯片通常采用多核 ARM Cortex-A 系列处理器，如 Cortex-A53 或 Cortex-A72，这些处理器能够处理复杂计算和多任务操作；同时也会利用一些专用加速器，包括图形处理单元（GPU）和神经网络加速器（如 NVIDIA Jetson 模块中的 NPU），用于加速视觉处理、深度学习推理等计算密集型任务。在此平台上常常运行开发生态性较好的 Linux 系统，如 Ubuntu Linux 等，便于对各种已有开源智能决策算法的移植。嵌入式微处理器芯片常提供网络和 USB 等高级接口，从而为接入激光传感器和视觉传感器提供便利。

7.2　智能机器人硬件整体架构

目前常采用上下层智能机器人硬件架构，其中下层采用的嵌入式微控制器主要用于对低级的传感器信息实现采集并且对硬件设备进行控制，由于此部分对系统的实时性要求较高，因此微控制器上仅运行裸机系统或小型的实时操作系统，主要实现对红外传感器、超声波传感器以及温湿度传感器等信息的采集，并可实现对 LED 灯或电机等设备进行控制。具体实现的芯片可采用 8 到 32 位的微控制器，例如，当前流行的开源微控制平台 Arduino 以及 ST 公司的 STM32 系列芯片，借助微控制器芯片的 GPIO、ADC 接口、I^2C 总线和 SPI 接口等实现对传感器数据的采集，同时可借助其 GPIO 和 PWM 输出接口等实现对芯片外接设备的控制。

下层微控制器和上层微处理器通过串口等通信接口通信，并通过一定的通信协议实现数据的交互，嵌入式微控制器把采集到的各种传感器数据传送给上层微处理器芯片进行处理，上层微处理器在接收到数据后进行智能计算，再根据计算出的结果产生出控制指令，并通过通信接口发送给下层微控制器，微控制器在接收到指令信息后，控制外部设备进行相应的动作。

7.3 智能机器人硬件系统案例

下面介绍前面章节中车臂一体机器人案例的硬件结构，主要包括控制车体和控制机械臂两部分的微控制器系统，这两部分微控制器系统通过串行通信可以和上层微处理器系统通信。其中下层微控制器系统采用 ST 公司的 STM32F4 系列芯片，上层微处理器可以采用工控机或者嵌入式微处理器开发板实现。串行通信可以根据具体要求采用 UART 或者 RS485。整体硬件架构如图 7.1 所示。

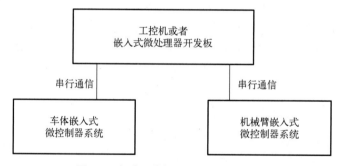

图 7.1　车臂一体机器人整体硬件架构

ST 公司的 STM32F4 系列芯片类似大部分微控制器芯片，提供如下接口用于机器人传感器数据采集和控制。

（1）内存 SRAM，存储数据的存储空间。

（2）Flash，存储程序的存储空间。

（3）GPIO 接口，输入/输出的接口。

（4）USART 接口，同步/异步串行通信的接口，在嵌入式系统开发过程中常作为异步串行通信 UART 接口。

（5）定时器，对内部时钟信号计数，从而实现定时功能；对外部的时钟信号计数，从而实现计数功能。一般定时器有相应的扩展功能，如通过定时器对外部脉冲宽度计数，从而实现捕获功能；对脉宽宽度（PWM）进行调整，从而输出不同大小的电压。

（6）SPI 接口，实现同步串行通信的接口。

（7）ADC 接口，实现模拟量转换为数字量的接口。

（8）CAN 接口，实现 CAN 总线通信的接口。

（9）USB 接口，实现 USB Slave 接口的功能。

（10）I²C 接口，实现 I²C 总线通信的接口。

（11）实时时钟 RTC，实现时间定时功能。

（12）报警狗 WDG，实现报警狗功能。

（13）SysTick，实现滴答定时器的功能。

7.3.1　车体嵌入式微控制器系统

车体嵌入式微控制器系统采用 STM32F405 芯片为主芯片，利用 CAN 总线或者 RS485 总线实现对第 2 章提到的车体三个驱动器发送控制指令，实现对车体三个电机的控制。同时，在此嵌入式微控制器系统中可引入超声波传感器、红外测距传感器以及 IMU 姿态传感器，实现对传感器数据的获取和处理。硬件电路结构如图 7.2 所示。

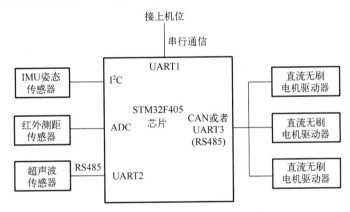

图 7.2　车体微控制器硬件电路结构

STM32F405RG 提供了工作频率为 168 MHz 的 Cortex M4 内核（具有浮点单元）的性能，有 64 个引脚，其中包括 6 个 UART 接口、3 个 I²C 接口、2 个 CAN2.0 接口、24 路 12 位 ADC 接口等，为实现控制驱动器、传感器数据采集和数据通信提供了足够的资源。

电路中，模拟量输入的红外测距传感器用于红外测距；超声波传感器数据接入采用 RS485 接口，方便多个超声波传感器数据扩展，也可用于测距；IMU 姿态传感器采用 I²C 接口，用于获得机器人的姿态信息，为上层的机器人智能决策提供数据。电机控制通过 STM32F405RG 芯片的 CAN 总线或者 RS485 总线和底层电机驱动板实现互联，可以通过 CANOpen 协议或者 Modbus RTU 协议实现对电机的驱动。

7.3.2　机械臂嵌入式微控制器板

本书介绍过的三自由度机械臂，同样采用 STM32F405RG 芯片为主芯片实现对三个步进电机的控制，并且通过 I^{2}C 接口实现对磁编码器 AMS5600 数据的采集。

机械臂上的步进电机采用 57 步进电机并配套 DM542 驱动器，STM32F405 芯片 GPIO 接口可以直接和 DM542 驱动器的控制信号接口连接，控制步进电机按照一定转速转动，其中 DM542 驱动器控制信号接口有 ENA+、ENA−、DIR+、DIR−、PUL+ 和 PUL−。为了增大 STM32F405 芯片引脚输出驱动能力，外接一个驱动芯片（如 74HC244 系列等芯片）到驱动器的信号输入端。同时利用 STM32F405 芯片的 I^{2}C 接口实现对磁编码器 AMS5600 数据的采集。

机械臂微控制器硬件电路结构如图 7.3 所示。

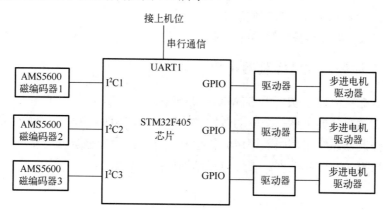

图 7.3　机械臂微控制器硬件电路结构

7.3.3　嵌入式微处理器决策处理平台

嵌入式微处理器主要运行 Linux 系统，并会在其上运行机器人操作系统（ROS）框架，Linux 系统和 ROS 框架都直接支持 x86 和 ARM 架构，因此可以直接采用 x86 系列的工控板或者小型计算机 NUC 等，但这些平台由于采用 x86 架构故工作功耗比较大，需要考虑散热问题，若处理不好则因 CPU 发热而造成死机问题。

目前常采用 ARM 嵌入式微处理器作为主控芯片，ARM 芯片是一个嵌入式芯片，可以有效地降低处理平台的功耗，提高系统的稳定性。例如，目前常采用国产瑞芯微 RK3399、RK3568 和 RK3588 等作为决策处理平台的主芯片。这些芯片上有内存管理单元（MMU），可以直接运行 Linux 系统。

7.4　习　　题

1．简述智能机器人整体硬件结构。
2．简述嵌入式微处理器芯片在机器人硬件系统中的作用。
3．简述嵌入式微控制器芯片在机器人硬件系统中的作用。
4．简述移动机器人底层控制平台硬件结构。

第**8**章

机器人软件系统

8.1　机器人软件系统概述

机器人软件系统是指用于控制、管理和监控机器人行为的软件集合，通常包括以下几个关键组成部分。

感知系统：用于获取外界环境信息。通常集成多种传感器，如摄像头、激光雷达、超声波传感器等，利用算法对环境数据进行处理和理解。

决策系统：负责机器人行为的规划和决策。基于感知系统提供的信息，结合预设的任务目标，选择最优的动作策略，通常涉及人工智能、机器学习、路径规划等技术。

控制系统：用于实现机器人行为的执行。根据决策系统的输出，生成相应的控制信号来驱动机器人硬件执行特定的动作，涉及运动控制、反馈控制等技术。

通信系统：确保机器人与外部系统或其他机器人之间的通信，包括有线或无线通信协议，如 Wi-Fi 等，支持多机器人协作或远程操作。

近年来，机器人操作系统（Robot Operating System，ROS）是智能机器人软件系统中的一个关键框架或中间件，提供标准化的工具和库，用于开发、测试和部署机器人软件。ROS 并不是一个完整的操作系统，而是一个灵活的框架，旨在帮助机器人开发者更容易地构建复杂的机器人软件系统。智能机器人软件系统通常是围绕 ROS 构建的。ROS 提供的标准化接口和工具可以极大地简化系统开发，允许开发者专注于实现具体的机器人功能，而无需从头构建通信、控制和感知模块。同时，在 ROS 的基础上，开发者可以扩展或定制智能机器人软件系统以满足特定应用需求。例如，开发专用的感知算法、控制策略或路径规划方法，通过 ROS 实现与其他系统组件的无缝集成。使用 ROS 构建的智能机器人软件系统具有高度的可复用性，可以方便地移植到不同的机器人平台上。这对快速原型设计和实验尤为有利。

ROS 作为智能机器人软件系统的基础框架，提供了强大的开发支持，使机器人软件的开发、测试和部署变得更加高效和标准化。ROS 通过其丰富的功能和灵活的架构，帮助开发者构建从简单到复杂的机器人应用。本章结合 ROS 介绍智能机器人软件系统。

8.2　ROS

ROS 是一个专门为机器人开发而设计的开源框架，提供了硬件抽象、设备驱动、库、工具，以及一个用于开发机器人应用的软件结构。尽管它的名字里有"操作系统"，但实际上它是一个元操作系统，运行在标准操作系统（如 Linux）之上，提供机器人开发所需的功能和服务。

8.2.1 ROS 的特点

ROS 有如下特点。

1. 分布式进程

ROS 以可执行进程的最小单位——节点（Node）的形式编程，每个进程独立运行并有机地收发数据。节点间的通信消息通过一个带有发布和订阅功能的远程过程调用（RPC）传输系统，从发布节点传送到接收节点。这种点对点的设计可以分散定位、导航等功能带来的实时计算压力。

2. 功能包单位管理

在已有繁杂的应用中，软件的复用性是一个问题，很多驱动程序、应用算法、功能模块在设计时过于混乱，导致其很难在其他应用中进行移植和二次开发。ROS 框架具有的模块化特点使得每个功能节点可以单独编译，并且使用统一的消息接口让模块的移植、复用更加便捷。

3. 集成多个开源项目代码

经过 ROS 开源社区的移植，目前集成了大量已有开源项目中的代码，如 Open Source Computer Vision Library（OpenCV 库）、Point Cloud Library（PCL 库）等，开发者可以使用丰富的资源实现智能应用的快速开发。

4. 丰富的组件化工具包

在一些智能应用开发过程中往往需要一些友好的可视化工具和仿真软件，ROS 采用组件化的方法将这些工具和软件集成到系统中并将其作为一个组件直接使用，工具包括如下几种。

3D 可视化工具 RViz（Robot Visualizer）：开发者可以根据 ROS 定义的接口显示机器人 3D 模型、周围环境信息等。

可视化分析工具 RQt：基于 Qt 开发的可视化工具，包括参数动态配置工具（rqt_reconfigure，用于动态配置参数）、计算图可视化工具（rqt_graph，显示通信架构及各个模块之间的关系）、数据绘图工具（rqt_plot，用于绘制曲线）、日志工具（rqt_console，用于查看日志）。

数据记录工具 Rosbag：用于记录和回放 ROS 主题的工具，可以保存所有的主题数据并对这些数据进行回放。

5. 多种语言支持

ROS 支持多种编程语言。C++、Python 已经在 ROS 中实现编译，是目前应用最广的两种 ROS 开发语言；Lisp、C#、Java 等语言的测试库也已经实现。为了支持多语言编程，ROS 采用了一种语言中立的接口定义语言来实现各模块之间的消息传送。通俗的理解就是，ROS 的通信格式与用哪种编程语言来写无关，它使用的是自身定义的一套通信接口。

6．开源社区

ROS 具有一个庞大的社区 ROS WIKI。当前使用 ROS 开发的软件包已经达到数千万个，相关的机器人已经多达上千款。此外，ROS 遵从 BSD 协议，对个人和商业应用及修改完全免费。这些促进了 ROS 的流行。

8.2.2 ROS 的版本

ROS 自 2007 年首次发布以来，已经经历了多个版本的迭代，每个版本都有特定的功能增强和改进。ROS 的发布版本通常以世界城市的名字命名，并按照字母顺序排列。目前 ROS 主要分为 ROS 1 和 ROS 2 两个版本，后缀有 LTS 表示长期支持版本，每个 LTS 版本通常有 2～5 年的支持周期，旨在为长期项目和产品提供稳定的开发平台。

ROS 1 已经在多个领域被广泛采用，特别是学术研究和早期的工业应用。

ROS 版本信息如表 8.1 所示。

表 8.1 ROS 版本信息

版本	发布日期	LTS	简要说明
ROS 1			
C-Turtle	2010 年 8 月	否	第一个正式发布的 ROS 版本
Diamondback	2011 年 3 月	否	提高了稳定性，增加了多个功能包
Electric Emys	2011 年 8 月	否	引入了插件机制，改善了与 Gazebo 的集成
Fuerte Turtle	2012 年 4 月	否	加强了跨平台支持，引入了 catkin 构建系统
Groovy Galapagos	2012 年 12 月	否	采用了 catkin 构建系统，改进了文档系统
Hydro Medusa	2013 年 9 月	否	加强了多机器人支持，引入了更好的导航和控制功能
Indigo Igloo	2014 年 7 月	是	第一个 LTS 版本，广泛用于工业和学术领域
Jade Turtle	2015 年 5 月	否	提供了一些新的工具和库
Kinetic Kame	2016 年 5 月	是	第二个 LTS 版本，长期使用，支持至 2021 年 4 月
Lunar Loggerhead	2017 年 5 月	否	短期支持版本，用于实验和测试新功能
Melodic Morenia	2018 年 5 月	是	第三个 LTS 版本，支持至 2023 年 5 月，适用于 Ubuntu 18.04
Noetic Ninjemys	2020 年 5 月	是	ROS 1 的最后一个 LTS 版本，支持至 2025 年 5 月
ROS 2			
Ardent Apalone	2017 年 12 月	否	首个 ROS 2 发布版本，标志着 ROS 2 的推出
Bouncy Bolson	2018 年 7 月	否	增加了核心功能，改进了分布式系统支持
Crystal Clemmys	2018 年 12 月	否	加强了多平台支持，特别是对 Windows 的支持
Dashing Diademata	2019 年 5 月	是	第一个 LTS 版本，支持至 2021 年 5 月
Eloquent Elusor	2019 年 11 月	否	改进了节点生命周期管理，增加了更多工具支持
Foxy Fitzroy	2020 年 6 月	是	第二个 LTS 版本，支持至 2023 年 5 月
Galactic Geochelone	2021 年 5 月	否	加强了实时性和安全性功能
Humble Hawksbill	2022 年 5 月	是	第三个 LTS 版本，支持至 2027 年 5 月
Iron Irwini	2023 年 5 月	否	改进了仿真支持和跨平台兼容性
Jazzy Jalisco	2024 年 5 月	是	最新的 ROS 2 LTS 版本，支持至 2029 年 5 月，重点增强了系统稳定性和安全性

ROS 1 和 ROS 2 内部的版本之间区别不大，主要是 ROS 2 相对于 ROS 1 进行了很多改进，ROS 2 在实时性、安全性、跨平台支持、分布式系统、通信中间件、节点生命周期管理等方面相较于 ROS 1 有了显著的改进和提升。这些特点使得 ROS 2 更加适合现代复杂的机器人应用，尤其是在工业、自动驾驶、多机器人系统等对性能和安全性要求较高的领域。随着时间推移，ROS 2 将成为 ROS 生态系统的主要框架。

ROS 1 和 ROS 2 的结构如图 8.1 所示。

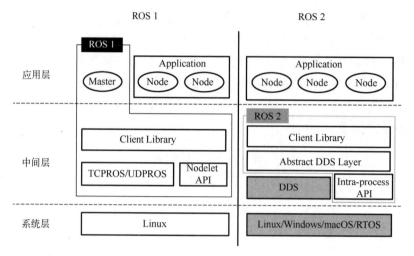

图 8.1　ROS 1 和 ROS 2 的结构

ROS 2 相对于 ROS 1 的主要特点和改进如下。

（1）实时性支持

ROS 1：不具备原生的实时性支持，因此在处理对时间敏感的任务时可能存在延迟。

ROS 2：引入了对实时系统的支持，使用数据分发服务（DDS）中间件，允许开发者配置实时参数，从而实现更精确的时间控制和更低的通信延迟，适合应用在实时控制系统中。

（2）安全性增强

ROS 1：缺乏内置的安全机制，无法提供通信加密、身份验证或访问控制，这对应用于工业或安全关键的场景来说是一个缺陷。

ROS 2：增加安全特性，包括加密通信、认证、访问控制等，符合现代安全标准，使其更适合有高安全性要求的场景。

（3）跨平台支持

ROS 1：主要支持 Linux 平台（尤其是 Ubuntu），虽然有一些社区驱动的 Windows 和 macOS 支持，但并不完善。

ROS 2：从设计开始就支持多平台，除 Linux 外，还对 Windows 和 macOS 提供官方支持，使其在更广泛的硬件和操作系统上运行更加顺畅。

（4）分布式架构

ROS 1：虽然支持分布式系统，但在多机器通信中需要配置 ROS 主节点（Master），存在单点故障问题，且跨网络通信设置复杂。

ROS 2：采用基于 DDS 的分布式架构，去掉中心化的 ROS Master 节点，节点间的发现和通信完全分布式，提升了系统的容错性和扩展性。

（5）通信中间件

ROS 1：使用自定义的 ROS 通信协议，虽然简洁，但不支持如 QoS（服务质量）控制、实时数据传输等高级特性。

ROS 2：基于 DDS 标准，提供了灵活的通信选项，包括 QoS 控制、发布/订阅可靠性配置、数据流优先级设置等，适合更复杂的通信需求。

（6）节点生命周期管理

ROS 1：节点的启动和停止是相对简单的，缺少对节点生命周期的详细管理和状态跟踪。

ROS 2：引入节点生命周期管理，支持更加精细的状态控制，如配置、激活、暂停、重启等，这在需要严格管理和监控节点行为的应用中非常有用。

（7）更灵活的开发模式

ROS 1：开发和调试模式相对固定，工具链主要围绕 Linux 展开。

ROS 2：提供更加灵活的开发和调试支持，工具链适配多个操作系统，增强了开发人员在不同环境下的工作流。

（8）多机器人系统支持

ROS 1：在多机器人系统中，节点发现和通信需要复杂的配置，且扩展性有限。

ROS 2：通过 DDS 的分布式架构，自然支持多机器人系统，节点发现更加自动化，通信配置简化，系统扩展性显著提升。

（9）混合架构支持

ROS 1：ROS 1 相对独立，难以与其他中间件或系统无缝集成。

ROS 2：可以与其他中间件（如 RTOS、Autoware）无缝集成，支持混合架构部署，这对需要结合实时控制与非实时计算的应用尤为重要。

（10）长期支持和社区驱动

ROS 1：部分版本已经进入维护状态，社区资源逐渐向 ROS 2 倾斜。

ROS 2：得到了长期支持，社区活跃度高，新的功能和包更多地优先在 ROS 2 上实现，未来开发趋势也更多聚焦于 ROS 2。

8.2.3　ROS 2 DDS 通信

在 ROS 2 中，DDS 是通信的核心协议。ROS 2 通过 DDS 提供了一个强大的、灵活的通信框架，支持高效的数据交换和系统集成。DDS 是一种用于实时数据交换的标准，支持数据的发布和订阅。DDS 设计用于支持分布式系统中的通信，提供可靠的数据传输和高性能。DDS 支持多种 QoS 策略，如可靠性、延迟预算、持久性等，以满足不同应用的需求。

1. ROS 2 中的 DDS 特性

（1）中立性：ROS 2 使用 DDS 的标准实现，具有较好的跨平台和中立性。

（2）发布-订阅模型：ROS 2 通过 DDS 实现了发布-订阅模型，允许节点之间的松耦合通信。

（3）自动发现：DDS 支持自动发现机制，ROS 2 利用这个特性自动检测网络上的其他 ROS 2 节点。

（4）QoS 策略：ROS 2 通过 DDS 提供了灵活的 QoS 配置选项，允许用户根据需求配置数据传输的可靠性、历史记录、延迟等。

（5）数据一致性：DDS 提供了数据一致性的机制，确保了系统中数据的一致性和完整性。

2．常见的 DDS 实现

ROS 2 支持多个 DDS 实现，允许用户根据需求选择合适的实现。

（1）Fast DDS（原名 Fast RTPS）：默认 DDS 实现，注重高性能和低延迟。

（2）RTI Connext DDS：商业实现，提供了丰富的工具和功能，适用于要求较高的实时系统。

（3）OpenSplice DDS：另一个流行的商业 DDS 实现，支持多种实时和分布式系统。

（4）Cyclone DDS：开源实现，注重资源受限环境中的高效性。

ROS 2 的 DDS 实现可以通过配置文件和环境变量定制。

（1）配置文件：可以通过 xml 配置文件指定 DDS 的 QoS 策略和其他参数。

（2）环境变量：一些 DDS 实现支持通过环境变量配置，以适应不同的运行环境。

DDS 是 ROS 2 的通信基础，提供了一个强大的、可配置的通信框架。通过 DDS，ROS 2 能够实现高效、可靠的分布式数据交换，支持各种复杂的机器人应用和系统集成。

8.3　ROS 软件框架

ROS 软件框架可划分为以下 3 个层次。

文件系统层次：包括 ROS 的内部结构、文件结构和所需的核心文件。

计算图层次：主要指进程之间（节点之间）的通信。ROS 创建了一个连接所有进程的网络，通过这个网络的节点完成交互，获取其他节点发布的信息。围绕计算图层次和节点，一些重要的概念也随即产生，包括节点、节点管理器、参数服务器、消息、服务、主题（或称话题）和消息记录包。

开源社区层次：主要指 ROS 资源的获取和分享。通过独立的网络社区，可以共享和获取知识、算法、代码，开源社区的大力支持使 ROS 得以快速成长。

8.3.1　ROS 2 文件系统

ROS 2 文件系统的结构为开发者提供了一个组织和管理项目、包、资源的标准化框架。这一框架有助于开发者在构建、部署和共享代码时保持一致性。

1．工作区（Workspace）

（1）定义

工作区是一个开发环境，包含多个 ROS 2 包，可以通过编译和构建工具管理整个项目。工作区的典型根目录通常为 ros2_ws 或自定义名称。

（2）结构

src/：源码目录，包含所有 ROS 2 包的源代码。开发者会将各自的 ROS 包放在这个目录下。

build/：构建目录，保存构建过程中产生的中间文件，通常由构建工具自动生成。

install/：安装目录，保存构建完成后可执行的文件、库和其他资源，其中的内容是 ROS 运行时所使用的。

log/：日志目录，包含构建和运行过程中生成的日志文件，方便调试和错误追踪。

2. ROS 2 包

（1）定义

ROS 2 包是 ROS 2 的最小功能单元，包含实现特定功能的代码、配置文件和资源。每个包都有一个唯一的名称，并且可以独立构建和使用。

（2）结构

package.xml：包的元数据文件，包含包的名称、版本、依赖项、许可证等信息。ROS 2 使用此文件来解析包的依赖关系。

CMakeLists.txt：构建文件，使用 CMake 语法定义如何构建包的源代码。CMakeLists.txt 文件是 ROS 2 包与构建系统（如 colcon）的接口。

src/：源代码目录，通常包含 C++或 Python 代码。

include/：头文件目录，包含 C++的头文件。

launch/：启动文件目录，保存 ROS 2 的 launch 文件，用于定义如何启动一组节点及其参数配置。

msg/：消息文件目录，包含自定义消息类型的定义文件（.msg）。

srv/：服务文件目录，包含自定义服务类型的定义文件（.srv）。

action/：动作文件目录，包含自定义动作类型的定义文件（.action）。

config/：配置文件目录，保存参数文件（如 YAML 格式），用于配置节点参数。

urdf/：URDF（Unified Robot Description Format）文件目录，保存机器人模型的描述文件，通常用于模拟和可视化。

scripts/：脚本目录，通常用于保存 Python 脚本或其他脚本文件。

3. CMakeLists.txt

（1）功能

ROS 2 使用 CMake 作为其主要构建工具。每个包都必须有一个 CMakeLists.txt 文件来定义构建流程。

（2）主要内容

find_package()：查找并引入 ROS 2 或其他 CMake 包的依赖项。

add_executable()：定义可执行文件。

target_link_libraries()：链接必要的库文件。

install()：定义如何安装生成的文件。

4．package.xml

功能：定义包的元数据信息，是包间依赖关系的核心管理工具。

主要内容：

包的名称、版本、维护者信息。

许可证类型，如 Apache 2.0。

运行时和编译时依赖项，如 <build_depend>、<exec_depend>。

描述和其他补充信息。

5．构建工具（Build Tool）

colcon：ROS 2 推荐的构建工具，用于编译和管理工作区中的多个包。它能够自动处理依赖关系，并生成构建产物。

常用命令：

colcon build：构建工作区中的所有包。

colcon test：运行包的测试。

colcon list：列出工作区中的所有包。

6．环境设置（Environment Setup）

setup.bash：ROS 2 安装或工作区构建完成后，会生成一个 setup.bash 脚本，用于配置环境变量，使 ROS 2 命令和包可以在当前终端会话中使用。

常用命令：

source /opt/ros/<distro>/setup.bash：加载 ROS 2 分发版的环境。

source ~/ros2_ws/install/setup.bash：加载自定义工作区的环境。

7．launch 文件

（1）定义

launch 文件用于定义和启动多个 ROS 2 节点及其配置。ROS 2 采用 Python 作为 launch 文件的描述语言，使配置更加灵活和动态。

（2）结构

定义节点：通过 Node()类定义要启动的 ROS 2 节点。

参数配置：可以使用字典传递参数，或加载外部参数文件。

启动顺序：launch 文件可以指定节点的启动顺序，或者将节点组装成一个进程启动。

8．消息（Message）、服务（Service）和动作（Action）

消息：ROS 2 中节点之间通信的主要方式，消息文件（.msg）定义消息的结构。

服务：一种同步通信方式，客户端发送请求，服务器处理并返回响应。服务文件（.srv）定义请求和响应的结构。

动作：用于长时间运行的任务，客户端可以实时监控任务进度并取消任务。动作文件（.action）定义目标、反馈和结果的结构。

9．日志与诊断

ROS 2 日志：默认使用 ros2 log 命令查看节点运行时生成的日志信息。日志信息保存在 log 目录下，便于调试和问题排查。

诊断工具：ROS 2 提供了诊断工具和消息类型，用于实时监控系统的运行状态和性能。

10．插件与扩展

插件机制：ROS 2 支持通过插件机制扩展功能，如动态加载控制器、传感器驱动等。

插件描述文件：通常在 plugin.xml 文件中定义插件的相关信息和接口。

ROS 2 文件系统结构通过定义工作区、包、构建工具、环境设置和通信机制，为开发者提供了一个完整且模块化的开发框架。理解并熟练应用这些概念和文件结构是高效开发 ROS 2 应用程序的基础。

8.3.2　ROS 2 计算图

ROS 2 计算图（Computation Graph）是 ROS 2 中用来组织、管理和执行分布式机器人系统的核心概念。它提供了一个分布式框架，允许多个节点在不同计算机之间通信和协作。

1．节点（Node）

定义：节点是 ROS 2 计算图中的基本处理单元，通常执行特定的任务，如传感器数据处理、控制、状态监控等。每个节点都是一个独立的进程，可以单独运行和管理。

特点：①节点可以发布和订阅消息，提供和调用服务，发送和接收动作目标。②每个节点都有唯一的名称，可以被动态配置或重命名。

2．主题（Topic）

定义：主题是 ROS 2 中节点之间异步通信的通道，节点通过发布（publish）和订阅（subscribe）主题来交换数据。主题通常用于传输传感器数据、控制命令等连续流的数据。

特点：①主题的名称是全局唯一的。②主题消息类型由 msg 文件定义，每个主题都有固定的数据结构。③节点可以同时订阅或发布多个主题。

例子：/cmd_vel，一个常见的主题，用于传输速度命令给机器人底盘。

3．服务（Service）

定义：服务提供了一种同步的、请求-响应式的通信机制，用于节点之间的点对点通信。客户端节点发送请求，服务器节点处理请求并返回响应。

特点：①服务的名称是全局唯一的。②服务的请求和响应数据结构由 srv 文件定义。③通常用于需要即时反馈的操作，如获取某个状态、执行特定的命令等。

例子：/add_two_ints，一个简单的服务，接收两个整数并返回它们的和。

4．动作（Action）

定义：动作是 ROS 2 中一种用于处理长时间任务的通信机制，它允许客户端节点发送目标、接收进度反馈、最终接收结果，或者在任务进行中取消目标。

特点：①动作的名称是全局唯一的。②动作的目标、反馈和结果数据结构由 action 文件定义。③适用于复杂或耗时的任务，如导航、路径规划、运动控制等。

例子：/move_base，一个常见的动作接口，用于机器人导航到指定目标位置。

5. 参数（Parameters）

定义：参数是 ROS 2 中用于配置节点行为的键值对，允许开发者在运行时动态调整节点的行为。

特点：①参数可以是简单类型（如整数、浮点数、字符串）或复杂类型（如数组、字典）。②每个节点可以有多个参数，参数的名称是局部唯一的，即它们在节点范围内唯一。③参数服务器不再是独立的实体，而是由各个节点自行管理。

例子：robot_speed，一个参数，用于控制机器人的最大速度。

6. 通信中间件（DDS）

定义：ROS 2 的通信基于 DDS，这是一个支持分布式系统的实时数据共享协议。DDS 使 ROS 2 天然支持多主机、多网络拓扑和 QoS 配置。

特点：①支持各种网络配置，自动发现节点，无需中心节点。②提供 QoS 策略，如可靠性、历史记录、传输优先级等，适应不同的实时需求。③支持多种传输协议（如 UDP、TCP），以及安全通信机制。

7. QoS 策略

定义：QoS 策略用于定义 ROS 2 节点在通信中的行为，如消息传递的可靠性、延迟、历史记录等。

常用 QoS 策略：①可靠性（Reliability），决定消息传输的可靠性，可以是"可靠（Reliable）"或"尽力而为（Best Effort）"。②历史（History），定义消息的存储策略，可以是"保留所有消息（Keep All）"或"仅保留最新的消息（Keep Last）"。③耐久性（Durability），定义消息是否在发布者消失后继续保留。④延迟预算（Deadline），定义在一定时间内必须接收消息的时间约束。

8. 命名空间（Namespace）

定义：命名空间允许开发者将节点、主题、服务、参数等在逻辑上分组或隔离开，以避免名称冲突和简化管理。命名空间类似文件系统中的目录。

应用：①可以为不同的机器人实例或模块设置独立的命名空间，如/robot1/cmd_vel 和/robot2/cmd_vel。②在启动文件中可以定义和使用命名空间。

9. launch 文件

定义：launch 文件在 ROS 2 中用于启动和配置多个节点及其参数、命名空间和环境变量。

功能：①定义节点的启动顺序和依赖关系。②配置节点的参数、命名空间和 QoS 策略。③管理复杂的系统启动过程，如多机器人系统的协调启动。

10．分布式架构

特点：①ROS 2 的计算图是分布式的，允许节点在不同的物理机器或虚拟环境中运行。②通过 DDS 中间件实现节点间的通信，可以在局域网（LAN）或广域网（WAN）中运行。

11．安全机制

安全层：ROS 2 集成了 DDS 的安全功能，如认证、加密和访问控制，确保数据的保密性和完整性。

使用场景：在多机器人系统、远程控制、无人机编队等涉及敏感数据的场景中，安全机制尤为重要。

12．诊断和监控

日志系统：ROS 2 提供了日志功能，可以在运行时记录节点的行为和状态，便于调试和问题分析。

监控工具：利用 ros2 topic、ros2 service、ros2 node 等命令可以实时监控 ROS 2 的运行状态。

诊断消息：节点可以发布诊断消息，提供其运行状态和性能指标。

ROS 2 计算图为开发者提供了一个强大而灵活的框架，用于构建分布式、实时的机器人系统。通过理解节点、主题、服务、动作等核心概念，以及利用 QoS、命名空间、launch 文件等工具，开发者可以设计和实现复杂的机器人应用。ROS 2 的分布式架构和 DDS 中间件确保了系统的可扩展性和可靠性，使其能够应对从简单的单机器人应用到复杂的多机器人协作系统的各种需求。

8.4　ROS 2 的通信机制

ROS 2 的通信机制是基于 DDS 的发布-订阅模型实现的。这种机制支持节点之间的消息传递、服务调用和动作通信，同时具有灵活的 QoS 配置，以满足不同的实时性要求。

8.4.1　发布-订阅模型

ROS 2 中的发布-订阅模型是节点之间进行异步通信的基础。一个节点可以通过发布消息到一个主题（Topic）来进行数据传输，另一个节点可以订阅该主题来接收消息。

发布者（Publisher）：发布者是一个节点，它向某个特定主题（Topic）发布消息。发布者创建一个发布端口，将数据发送到与该主题相关的所有订阅者。

订阅者（Subscriber）：订阅者是另一个节点，它通过订阅一个特定主题来接收发布者发送的消息。订阅者创建一个接收端口，监听来自发布者的数据。

主题（Topic）：主题是发布者和订阅者之间共享的数据通道，用于标识消息的类别。每个主题都有一个唯一的名称和特定的数据类型。

每个主题都与一种特定的消息类型相关联，这个消息类型定义了通过该主题传递的数据结构。ROS 2 中的消息类型通常由 msg 文件定义，包含消息中每个字段的数据类型和名称。常见的消息类型有 std_msgs/String（字符串类型）、geometry_msgs/Twist（机器人运动指令）等。

（1）发布者的创建。代码示例（C++）如下：

```
auto publisher = this->create_publisher<std_msgs::msg::String>("topic_name", 10);
```

其中，"topic_name" 是发布消息的主题名称；10 表示发布队列的大小，用于缓存尚未发送的消息。

（2）订阅者的创建。代码示例（C++）如下：

```
auto subscriber = this->create_subscriber<std_msgs::msg::String >( "topic_name", 10, std::bind(&NodeClass::topic_callback, this, _1));
```

其中，"topic_name" 是订阅消息的主题名称；topic_callback 是订阅者在接收到消息时触发的回调函数；10 表示接收队列的大小，用于缓存尚未处理的消息。

（3）回调函数。当订阅者收到来自发布者的消息时，回调函数被触发，处理接收到的消息。代码示例（C++）如下：

```
void topic_callback(const std_msgs::msg::String::SharedPtr msg) {
RCLCPP_INFO(this->get_logger(), "I heard: '%s'", msg->data.c_str());}
```

其中，msg 是收到的消息对象，可以通过它访问消息中的数据。

（4）发布-订阅模型的优势。

① 松耦合：发布者和订阅者通过主题通信，彼此之间没有直接的依赖关系。发布者无需知道有多少订阅者在监听，订阅者也无需知道消息的发布者是谁。

② 扩展性：同一主题可以有多个发布者和订阅者，这允许构建复杂的通信网络，并且节点可以动态地加入或离开系统，而不会中断通信。

③ 异步通信：发布者和订阅者的通信是异步的，发布者发布消息后无需等待订阅者的响应，订阅者在接收到消息时异步触发回调函数处理数据。

发布-订阅模型结构如图 8.2 所示。

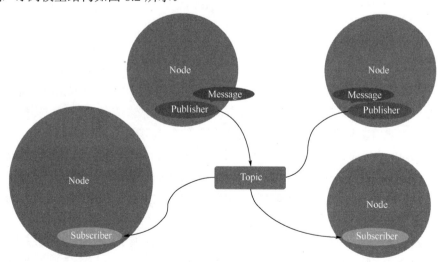

图 8.2　发布-订阅模型结构

（5）发布-订阅模型的应用场景。

传感器数据发布：一个节点通过主题发布传感器数据（如激光扫描成像、相机图像），多个处理节点可以订阅这些数据进行处理。

控制指令传递：控制节点通过主题发布运动控制指令（如速度、转向），机器人底盘节点订阅这些指令并执行相应操作。

ROS 2 的发布-订阅模型通过主题为节点间的异步通信提供了强大的支持。它的松耦合、扩展性以及灵活的 QoS 策略使 ROS 2 能够适应各种复杂的机器人应用场景。无论是简单的传感器数据发布还是复杂的多节点系统，发布-订阅模型都是 ROS 2 通信机制中不可或缺的一部分。

8.4.2　服务通信模型

ROS 2 的服务通信模型是一种同步通信机制，允许节点之间进行请求-响应式的数据交换。这种模型适用于需要立即处理和获取结果的操作，如查询传感器状态、控制设备操作等。

服务服务器（Service Server）：服务服务器节点提供某项服务，能够处理来自服务客户端的请求并返回结果。服务服务器定义服务的具体实现和逻辑。

服务客户端（Service Client）：服务客户端节点调用服务服务器提供的服务，向其发送请求并等待响应。服务客户端可以是任何需要执行某项特定任务的节点。

服务（Service）：服务是服务客户端和服务服务器之间的通信通道，定义请求和响应的数据结构。服务的类型通常由 srv 文件定义。srv 文件分为两部分：请求和响应。请求部分定义服务客户端发送的数据结构，响应部分定义服务服务器返回的数据结构。

示例：

```
int64 a
int64 b
---
int64 sum
```

上述示例定义了一个简单的加法服务，请求部分包含两个整数 a 和 b，响应部分包含它们的和 sum。

（1）服务服务器的创建。代码示例（C++）如下：

```
auto server = this->create_service<example_interfaces::srv::AddTwoInts>(
"add_two_ints", std::bind(&NodeClass::handle_service, this, _1, _2, _3));
```

其中，"add_two_ints" 是服务的名称；回调函数 handle_service 是服务服务器在接收到服务客户端请求时处理该请求的函数。

（2）服务客户端的创建。代码示例（C++）如下：

```
auto client = this->create_client<example_interfaces::srv::AddTwoInts>
("add_two_ints");
```

其中，"add_two_ints" 是服务客户端调用的服务名称。

（3）服务调用。

① 服务客户端发送请求。代码示例（C++）如下：

```
auto    request    =    std::make_shared<example_interfaces::srv::AddTwoInts::
Request>();
request->a = 5;
request->b = 3;
auto result = client->async_send_request(request);
```

服务客户端创建一个请求对象，将请求参数填入其中，并采用 async_send_request 或 call_async 方法异步发送请求。

② 服务服务器处理请求。代码示例（C++）如下：

```
void      handle_service(const      std::shared_ptr<example_interfaces::srv::
AddTwoInts::Request> request,
    std::shared_ptr<example_interfaces::srv::AddTwoInts::Response> response) {
        response->sum = request->a + request->b;
    }
```

回调函数 handle_service 接收请求对象，处理请求并将结果填入响应对象。

（4）异步与同步调用。

异步调用：服务客户端通常以异步方式调用服务，发送请求后继续执行其他任务，直到收到服务服务器响应再处理结果。这种方式避免阻塞服务客户端的执行流。

同步调用：服务客户端可以选择同步方式调用服务，在发送请求后阻塞，直到接收到服务服务器的响应。同步调用适用于需要立即获取结果的操作。

（5）服务通信的特点。

请求-响应模式：与发布-订阅模型的异步通信不同，服务通信是同步的请求-响应模式，适用于需要确定结果的操作。

双向通信：服务模型允许服务客户端和服务服务器之间的双向数据交换，服务客户端发送请求数据，服务服务器处理后返回结果。

服务通信模型结构如图 8.3 所示。

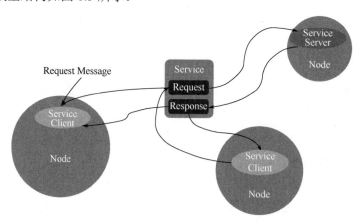

图 8.3　服务通信模型结构

（6）服务通信的应用场景。

设备控制：如启动或停止设备、调整设备参数等操作，服务客户端可以通过服务调用实现。

状态查询：若查询传感器或设备的状态，则服务客户端发送查询请求，服务服务器返回当前状态信息。

ROS 2 的服务通信模型通过同步的请求-响应机制，为节点间的交互提供了另一种重要的通信方式。与发布-订阅模型相比，服务通信模型更适合需要即时响应的操作。通过合理使用服务，开发者可以在 ROS 2 应用中实现设备控制、状态查询等功能，构建更加智能和互动的机器人系统。

8.4.3　动作通信模型

ROS 2 的动作通信模型（Action Communication Model）是一种扩展的同步通信机制，专门用于处理需要长时间运行的任务。它允许客户端在任务执行过程中获取中间反馈，并最终接收任务的结果，还可以在任务进行过程中取消任务。

动作（Action）：动作通信模型是服务通信模型的扩展，适用于那些需要长时间运行、可以分阶段完成的任务。例如，移动机器人从一个位置导航到另一个位置，通常需要一些时间才能完成，并且在过程中会有状态更新。

动作服务器（Action Server）：动作服务器是提供某项动作的节点，负责处理客户端的动作请求，并在任务执行过程中提供反馈，最后返回结果。

动作客户端（Action Client）：动作客户端是请求某项动作的节点，向动作服务器发送目标（Goal），接收反馈，并最终获取结果。

1．动作的组成部分

目标（Goal）：动作客户端发送的目标，表示要执行的任务。目标定义动作的起始点和预期结果。

反馈（Feedback）：在动作执行过程中，动作服务器可以向动作客户端发送反馈信息，提供任务的进展状态。反馈用于实时更新动作客户端对任务执行情况的了解。

结果（Result）：当任务完成时，动作服务器向动作客户端返回结果。结果包含任务的最终状态和输出数据。

取消（Cancel）：在任务执行过程中，动作客户端可以发送取消请求，中止任务的执行。

2．动作通信的流程

发送目标：动作客户端向动作服务器发送目标，启动任务。

接收反馈：在任务执行过程中，动作服务器定期向动作客户端发送反馈，告知任务进展情况。

接收结果：任务完成后，动作服务器向动作客户端发送最终结果。

取消任务：在任务执行过程中，动作客户端可以随时发送取消请求，动作服务器响应后中止任务。

3．动作定义

动作通常由 action 文件定义，该文件包含目标、反馈和结果三部分内容。

示例（C++）：

```
# Goal
int64 order
---
# Result
int64[] sequence
---
# Feedback
int64[] partial_sequence
```

目标部分定义客户端要执行的任务参数，如 Fibonacci 数列的计算。

反馈部分定义任务执行过程中动作服务器向动作客户端提供的中间状态信息。

结果部分定义任务完成后返回的最终输出。

4．动作服务器的创建

示例（C++）：

```
auto action_server_ = rclcpp_action::create_server<Fibonacci>(
    this,
    "fibonacci",
    std::bind(&NodeClass::handle_goal, this, _1, _2),
    std::bind(&NodeClass::handle_cancel, this, _1),
    std::bind(&NodeClass::handle_accepted, this, _1));
```

目标处理：handle_goal 处理来自动作客户端的目标请求。

取消处理：handle_cancel 处理取消请求。

执行处理：handle_accepted 执行目标并提供反馈和结果。

5．动作客户端的创建

示例（C++）：

```
auto action_client_ = rclcpp_action::create_client<Fibonacci>("fibonacci");
```

其中，"fibonacci" 是动作客户端请求的动作名称。

6．发送目标和接收反馈

（1）发送目标

```
auto goal_msg = Fibonacci::Goal();
goal_msg.order = 10;
auto send_goal_options = rclcpp_action::Client<Fibonacci>::SendGoalOptions();
send_goal_options.feedback_callback =
    std::bind(&NodeClass::feedback_callback, this, _1, _2);
action_client_->async_send_goal(goal_msg, send_goal_options);
```

（2）接收反馈

回调函数接收并处理动作服务器返回的反馈，更新任务的进展状态。

动作通信模型结构如图 8.4 所示。

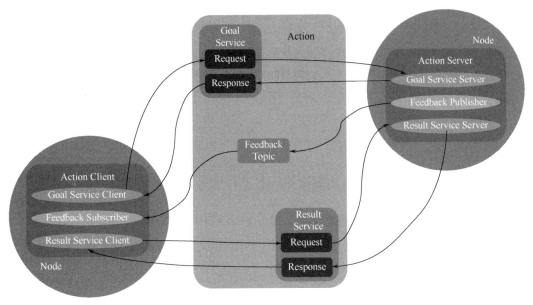

图 8.4　动作通信模型结构

7．动作的特点

长时间任务：动作模型适用于长时间运行的任务，不同于服务模型的即时请求响应。

中间反馈：动作客户端可以在任务执行过程中接收中间反馈，适合需要实时监控任务进展的场景。

可取消性：动作客户端可以在任务执行过程中取消任务，适用于需要动态调整任务的应用。

8．动作通信与服务通信的区别

任务复杂性：动作模型适合长时间的复杂任务，而服务模型更适合即时的简单请求。

反馈机制：动作模型支持中间反馈，服务模型则不支持。

任务取消：动作模型允许在任务执行中途取消，而服务模型一旦请求发出，任务就无法中止。

9．动作通信的应用场景

导航任务：机器人导航到指定位置，任务需要较长时间完成，动作客户端可以在过程中获取导航的进展反馈。

复杂操作：如机械臂的抓取和放置任务，操作复杂且耗时，动作客户端需要知道任务是否成功以及执行到哪个步骤。

ROS 2 的动作通信模型为处理长时间运行的任务提供了灵活的机制，结合了目标、反馈、结果和取消功能，使开发者能够构建智能的机器人应用程序。通过动作通信模型，机器人可以执行复杂的操作任务，并在过程中动态调整任务执行方式，从而实现高效、可靠的系统设计。

8.5　ROS 2 中的常用组件

ROS 2 作为一种适用于智能算法处理的软件框架，需要提供适用于数据管理、展示、记录、仿真以及配置的实用工具。下面介绍 ROS 中的常用组件。

8.5.1　launch 文件

在 ROS 2 中，launch 文件用于启动和管理多个 ROS 节点和其他系统资源，指定节点参数、配置文件、命名空间等，从而使整个机器人系统可以通过一条命令来启动。与 ROS 1 中的 launch 文件相比，ROS 2 的 launch 文件采用 Python 编写，提供了强大的功能和灵活性。

1. launch 文件的基本结构

ROS 2 的 launch 文件通常以.launch.py 为扩展名，并使用 Python 编写。其基本结构如下：

```python
from launch import LaunchDescription
from launch_ros.actions import Node
def generate_launch_description():
    return LaunchDescription([
        Node(
            package='my_package',
            executable='my_node',
            name='node_name',
            output='screen',
            parameters=[{'param_name': 'param_value'}],
            remappings=[('/old_topic', '/new_topic')]
        ),
    ])
```

2. 关键组件

LaunchDescription：ROS 2 启动系统的核心类，包含所有将被启动的节点、事件处理程序和其他启动操作。

Node：ROS 2 launch 文件中的常用操作，用于启动一个 ROS 节点。每个 Node 包含启动该节点所需的详细信息，如包名、可执行文件名、节点名称等。

3. 节点的定义

package：指定节点所在的包。

executable：指定要启动的可执行文件的名称。

name：指定节点的名称（可选）。

namespace：指定节点的命名空间（可选）。

output：指定节点的输出目标，可以是 screen（打印到终端）或 log（保存到日志文件）。

parameters：传递给节点的参数，以字典形式提供。

remappings：定义主题（Topic）、服务（Service）的重映射。

4．参数传递

可以通过 parameters 参数传递参数文件或直接在 launch 文件中定义参数。例如：

```
Node(
    package='my_package',
    executable='my_node',
    parameters=[{'use_sim_time': True}, 'path/to/params.yaml']
)
```

5．主题和服务的重映射

通过 remappings 参数，可以重映射节点使用的主题和服务。例如：

```
Node(
    package='my_package',
    executable='my_node',
    remappings=[('/input_topic',  '/remapped_input'),  ('/output_topic',
'/remapped_output')]
)
```

6．启动多个节点

可以通过在 LaunchDescription 中添加多个 Node 实例来启动多个节点：

```
def generate_launch_description():
    return LaunchDescription([
        Node(
            package='package_1',
            executable='node_1',
            name='node1'
        ),
        Node(
            package='package_2',
            executable='node_2',
            name='node2'
        ),
    ])
```

7．条件启动

可以根据条件启动节点，例如，基于命令行参数、环境变量或其他条件：

```
def generate_launch_description():
    return LaunchDescription([
        Node(
            package='package_1',
            executable='node_1',
```

```
        name='node1'
    ),
    Node(
        package='package_2',
        executable='node_2',
        name='node2'
    ),
])
```

8. 事件处理

ROS 2 的 launch 文件中可以定义事件处理，例如，在节点启动前或结束后执行某些操作：

```
from launch.actions import RegisterEventHandler
from launch.event_handlers import OnProcessExit
RegisterEventHandler(
    event_handler=OnProcessExit(
        target_action=my_node,
        on_exit=[Node(
            package='my_package',
            executable='my_cleanup_node',
            name='cleanup'
        )]
    )
)
```

9. 组合 launch 文件

ROS 2 允许将多个 launch 文件组合在一起，以简化复杂系统的启动。例如：

```
from launch.actions import IncludeLaunchDescription
from launch.launch_description_sources import PythonLaunchDescriptionSource
IncludeLaunchDescription(
    PythonLaunchDescriptionSource(['path/to/other_launch_file.launch.py'])
)
```

10. 命令行参数传递

可以通过命令行向 launch 文件传递参数，并使用 LaunchConfiguration 读取这些参数。例如：

```
from launch.substitutions import LaunchConfiguration
def generate_launch_description():
    return LaunchDescription([
        Node(
            package='my_package',
            executable='my_node',
            parameters=[{'param_name': LaunchConfiguration('param_value')}]
        ),
    ])
```

ROS 2 的 launch 文件系统为复杂机器人系统的启动和配置提供了强大的支持。通过灵活的 Python 脚本化配置，开发者可以定义多个节点的启动顺序、参数传递、主题重映射等。launch 文件在开发、调试和部署 ROS 2 应用中扮演着至关重要的角色。

8.5.2　TF 工具

ROS 2 的 TF 工具是一个用于跟踪坐标系之间变换的库和工具集。它在机器人系统中广泛应用，尤其是在需要处理多传感器数据、机器人导航以及运动规划的场景中。TF 工具允许用户跟踪和转换坐标系，以确保不同传感器和机器人部分之间的数据可以正确结合。

1．TF 相关概念

坐标系（Frame）：在 ROS 中，每个坐标系代表一个原点和方向，它可以关联到一个机器人部件、传感器或者世界基准点。

变换（Transform）：变换是两个坐标系之间的位置和方向关系，通常以平移和旋转表示。TF 负责管理这些变换，并允许在不同坐标系之间进行转换。

TF 树（TF Tree）：TF 树是由多个坐标系通过变换连接而成的树状结构。树中的每个节点表示一个坐标系，各节点之间的连线（边）表示变换关系。

2．TF 工具的组成

TF 广播器（TF Broadcaster）：负责发布坐标系之间的变换信息。机器人或传感器通常会持续发布自己的位置和姿态信息，这些信息由 TF 广播器发送到 TF 系统中。

TF 监听器（TF Listener）：负责订阅并收集变换信息。TF 监听器允许用户从 TF 树中获取任意两个坐标系之间的变换信息。

TF Buffer：存储最近的变换信息，监听器可以从中查询变换。它支持时间查询，即获取过去某一时刻的变换信息。

Static TF Broadcaster：发布静态的变换信息。这些变换不会随时间改变，如摄像头相对于机器人的固定位置。

3．TF 使用示例

（1）发布变换

在 ROS 2 中，TF 广播器用于发布动态变换，通常与机器人或传感器的移动相关联。下面是一个发布机器人底盘与激光雷达之间变换的简单示例：

```python
from tf2_ros import StaticTransformBroadcaster
from geometry_msgs.msg import TransformStamped

broadcaster = StaticTransformBroadcaster(node)

t = TransformStamped()
t.header.stamp = node.get_clock().now().to_msg()
t.header.frame_id = "base_link"
t.child_frame_id = "camera"
```

```
t.transform.translation.x = 0.1
t.transform.translation.y = 0.0
t.transform.translation.z = 0.2
t.transform.rotation.x = 0.0
t.transform.rotation.y = 0.0
t.transform.rotation.z = 0.0
t.transform.rotation.w = 1.0

broadcaster.sendTransform(t)
```

（2）监听变换

TF 监听器用于查询不同坐标系之间的变换。例如，从机器人底盘到世界坐标系的变换：

```
from tf2_ros import TransformListener, Buffer
import rclpy

node = rclpy.create_node('tf_listener')
tf_buffer = Buffer()
listener = TransformListener(tf_buffer, node)

try:
    trans = tf_buffer.lookup_transform('world', 'base_link', rclpy.time.Time())
    # 使用 trans 进行转换
except Exception as e:
    node.get_logger().info('Transform not available: ' + str(e))
```

（3）静态变换

有些变换是固定的，且不会随时间变化。例如，机器人手臂上的相机相对于机器人基座的位置。可以使用 StaticTransformBroadcaster 发布这些变换：

```
from tf2_ros import StaticTransformBroadcaster
from geometry_msgs.msg import TransformStamped
broadcaster = StaticTransformBroadcaster(node)

t = TransformStamped()
t.header.stamp = node.get_clock().now().to_msg()
t.header.frame_id = "base_link"
t.child_frame_id = "camera"
t.transform.translation.x = 0.1
t.transform.translation.y = 0.0
t.transform.translation.z = 0.2
t.transform.rotation.x = 0.0
t.transform.rotation.y = 0.0
t.transform.rotation.z = 0.0
t.transform.rotation.w = 1.0

broadcaster.sendTransform(t)
```

4．TF 常用工具

（1）tf 2_echo：在终端中查看两个坐标系之间的变换。

```
ros2 run tf2_ros tf2_echo [parent_frame] [child_frame]
```

（2）view_frames：生成 TF 树的图形表示。

```
ros2 run tf2_tools view_frames
```

这个命令会生成一个 PDF 文件，展示当前系统中的 TF 树结构。

ROS 2 的 TF 工具是机器人系统中的一个关键组件，它管理并跟踪多个坐标系之间的变换，确保不同部分的数据能够正确对齐和结合。通过 TF 工具，开发者可以轻松处理机器人中的复杂坐标变换，确保系统的各个模块可以协同工作。TF 系统的灵活性和时间感知能力使其成为机器人应用中不可或缺的一部分。TF 系统是时间感知的，意味着可以查询某一特定时间点的变换，这对于处理不同步的传感器数据非常重要。比如，当有多个传感器以不同的频率发布数据时，TF 工具能够确保用户在不同时间点之间获得正确的空间关系。

8.5.3　RViz 可视化工具

RViz（ROS Visualization）是一个可视化工具，广泛用于 ROS 环境下的机器人开发和调试。它允许用户在三维环境中查看和分析来自机器人的传感器数据、模型、路径规划、坐标变换以及其他数据，使开发者可以直观地理解机器人的状态、环境感知、运动规划等复杂信息。

1．RViz 的主要功能

传感器数据可视化：实时显示来自激光雷达、深度相机、IMU 等传感器的数据。

机器人模型展示：展示 URDF（Unified Robot Description Format）或 SDF（Simulation Description Format）模型，显示机器人在环境中的姿态和状态。

路径规划与导航：显示机器人在环境中的路径规划、导航目标点及其运动轨迹。

坐标系和变换可视化：显示 TF 树中的各个坐标系及其变换关系，帮助调试与坐标系相关的问题。

交互与标记：允许用户通过鼠标交互设置导航目标、添加标记、绘制形状等。

2．启动 RViz

（1）命令行启动
可以通过以下命令启动 RViz：

```
ros2 run rviz2 rviz2
```

（2）加载配置文件
可以指定一个预先保存的 RViz 配置文件（.rviz 或.rviz2）来启动 RViz，并加载特定的视图、插件配置。命令如下：

```
ros2 run rviz2 rviz2 -d path/to/your_config.rviz
```

3．主要界面组件

Displays 面板：RViz 的核心面板，用于管理和配置各种显示插件（Display），如显示点云数据、显示机器人模型等。

3D 视图窗口：显示三维环境，在这里可以查看机器人、传感器数据等。用户可以使用鼠标进行旋转、缩放和平移操作。

工具栏：包含用于交互操作的工具，如设置 2D 导航目标、增加标记等。

时间控制面板：在查看录制的 ROS bag 文件时，可以控制播放的时间轴。

视图管理器：管理不同的摄像机视角和视图布局，便于切换不同的观察角度。

4．常用的显示（Displays）类型

RobotModel：显示机器人模型的 URDF/SDF 文件，提供机器人部件的可视化。

LaserScan：显示激光雷达的扫描数据。

PointCloud2：显示点云数据，通常用于 3D 扫描仪或 LiDAR。

TF：显示 TF 树中的坐标系及其变换关系。

Path：显示路径规划的结果，包括路径点和轨迹。

Odometry：显示机器人里程计数据，包括位置和姿态。

Map：显示 2D 地图，通常用于导航中的栅格地图。

Image：显示摄像头图像或其他视觉数据。

5．配置与保存

RViz 允许用户配置各种显示项和插件的参数，如主题名称、显示颜色、坐标轴的大小等。这些配置可以通过界面保存为 rviz2 文件，以便在之后的会话中加载。

配置文件中可以保存显示的内容、摄像机视角、全局设置（如背景色、固定框架）等。

6．插件系统

RViz 支持插件系统，允许开发者为其添加自定义的显示类型、工具和其他功能扩展。这使得 RViz 可以根据特定项目的需求进行扩展和定制。

7．高级功能

Marker 和 MarkerArray：用户可以通过 ROS Topic 发布 Marker 消息，用于在 RViz 中创建和显示自定义形状、文本、线条、箭头等。这对在 RViz 中标记特定位置、显示调试信息非常有用。

Interactive Markers：交互式标记允许用户通过 RViz 与机器人交互，如拖动导航目标点、调整物体位置等。

视图控制（View Controllers）：RViz 提供了多种视角控制器，如 FPS、Orbit、TopDown 等，用户可以根据需要切换不同的视角来观察机器人。

8．命令行工具

ros2 run rviz2 rviz2 --help：查看启动 RViz 的选项和命令。

ros2 bag play <bag_file>：在播放 bag 文件的同时使用 RViz 观察录制的数据。

RViz 是 ROS 2 中功能强大且灵活的可视化工具，适用于各种机器人开发和调试场景，如图 8.5 所示。通过它，开发者可以直观地理解和分析机器人系统的状态与数据流，极大地提高开发效率和调试的便利性。无论是实时的机器人操作还是离线的数据分析，RViz 都是一个不可或缺的工具。

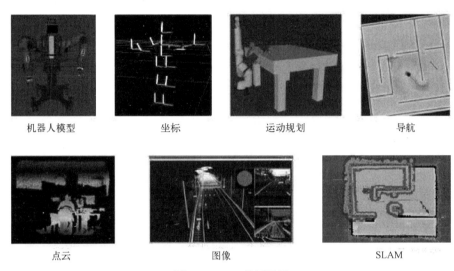

| 机器人模型 | 坐标 | 运动规划 | 导航 |

| 点云 | 图像 | SLAM |

图 8.5　RViz 使用场景

8.5.4　RQt 工具箱

RQt 是 ROS 和 ROS 2 中一个基于 Qt 的图形化工具集，提供了多种插件，用于调试和开发机器人应用。RQt 工具箱集成了多个小工具，方便用户在一个统一的界面下完成复杂的调试和开发任务。

下面是一些常用的 RQt 插件，适用于 ROS 2 的开发和调试工作。

1. RQt Graph

功能：可视化 ROS 2 网络的节点和主题之间的连接关系。

用途：分析和理解 ROS 2 系统中的节点通信结构，查看节点之间的消息传递关系。

启动命令：

```
ros2 run rqt_graph rqt_graph
```

2. RQt Console

功能：查看 ROS 2 日志信息和调试输出。

用途：实时查看系统日志，过滤不同级别的日志（如 debug、info、warn、error）。

启动命令：

```
ros2 run rqt_console rqt_console
```

3. RQt Bag

功能：查看和分析 ROS 2 bag 文件中的数据。

用途：回放和分析之前录制的 ROS 2 数据包（bag 文件），查看主题消息的历史数据。

启动命令：

```
ros2 run rqt_bag rqt_bag
```

4. RQt Plot

功能：实时绘制 ROS 2 主题中的数值数据。

用途：实时监控和分析数值数据（如传感器读数、控制信号等），支持多个变量同时绘制。

启动命令：

```
ros2 run rqt_plot rqt_plot
```

5. RQt Reconfigure

功能：动态调整 ROS 2 节点的参数。

用途：在运行时调整节点的参数，而不需要重新启动节点，适合调试需要频繁调整参数的场景。

启动命令：

```
ros2 run rqt_reconfigure rqt_reconfigure
```

6. RQt Image View

功能：显示 ROS 2 图像数据。

用途：查看摄像头等视觉传感器的输出图像，支持对图像进行基本的操作和处理。

启动命令：

```
ros2 run rqt_image_view rqt_image_view
```

7. RQt TF Tree

功能：可视化 TF 树，展示坐标系之间的关系。

用途：用于调试和分析机器人各部分之间的坐标系变换，帮助发现 TF 框架中的问题。

启动命令：

```
ros2 run rqt_tf_tree rqt_tf_tree
```

RQt 是 ROS 2 开发中的一个强大且灵活的工具箱，有着丰富的插件系统，开发者可以在统一的图形化界面中完成多种开发和调试任务。无论是系统调试、数据分析还是参数调优，RQt 都提供了必要的工具，使开发过程更加高效。

8.5.5　rosbag 数据记录与回放

在 ROS 2 中，rosbag 工具用于记录和回放机器人系统中的数据，这些数据通常包括主题消息、服务调用等。rosbag 是调试、分析和验证机器人系统的重要工具，尤其是在离线分析和回放时非常有用。

　　bag 文件是 ROS 2 中的数据记录文件，记录在某个时间段内所有指定主题的消息。bag 文件可以保存为 .db3 格式，这是 ROS 2 默认使用的 SQLite 数据库格式。

　　记录数据就是将 ROS 2 网络中的主题消息保存到一个 bag 文件中。命令如下。

　　（1）记录所有主题

```
ros2 bag record -a
```

这个命令会记录系统中所有的主题。

　　（2）记录指定主题

```
ros2 bag record /topic1 /topic2
```

这个命令只会记录/topic1 和/topic2 这两个主题的消息。

　　（3）排除特定主题

```
ros2 bag record -a -x "/excluded_topic"
```

记录所有主题，但排除与正则表达式/excluded_topic 匹配的主题。

　　（4）设置存储目录和文件名

```
ros2 bag record -a -o my_bag
```

这个命令会将记录的数据保存在名为 my_bag 的文件夹中。

　　回放数据就是将 bag 文件中的消息按照记录时的时间戳重新发布到 ROS 2 网络中。命令如下。

　　（1）回放 bag 文件

```
ros2 bag play my_bag
```

这个命令会按原始时间戳回放 my_bag 文件中的所有数据。

　　（2）调整回放速度

```
ros2 bag play my_bag -r 2.0
```

以两倍的速度回放 bag 文件中的数据。

　　（3）回放部分时间段的数据

```
ros2 bag play my_bag --start 10 --duration 20
```

从第 10 秒开始，持续 20 秒回放 bag 文件中的数据。

　　（4）回放指定的主题

```
ros2 bag play my_bag --topics /topic1 /topic2
```

只回放指定的/topic1 和/topic2 主题的消息。

　　可以使用以下命令查看 bag 文件的详细信息，包括记录的主题、消息数、时间范围等：

```
ros2 bag info my_bag
```

这个命令会输出 bag 文件中的记录摘要，如记录的主题列表、消息数量、开始和结束时间等。

假设有一个机器人系统正在运行，希望记录激光雷达数据（/scan）和相机数据（/camera/image），可以运行以下命令：

```
ros2 bag record /scan /camera/image -o sensor_data
```

这个命令会在 sensor_data 文件夹中生成 bag 文件。记录完成后，可以用以下命令回放数据：

```
ros2 bag play sensor_data
```

数据会被重新发布到 ROS 2 网络中，仿佛传感器正在实时运行。

ROS 2 的 rosbag 工具为机器人开发者提供了强大的数据记录和回放功能，可以帮助调试、分析、验证和仿真复杂的机器人系统。灵活地使用这些功能，开发者可以大大提升开发效率和系统的可靠性。

8.5.6　Gazebo

ROS 2 与 Gazebo 仿真器紧密集成，提供了一个强大的仿真平台，用于开发、测试和验证机器人应用。Gazebo 是一个高性能的开源仿真器，支持物理模拟、多传感器数据生成、环境建模等功能，在 ROS 2 中被广泛应用。

Gazebo 提供了一个高度逼真的仿真环境，支持以下功能。

物理引擎：包括 ODE、Bullet、DART、Simbody 等，用于模拟真实的物理现象，如碰撞、摩擦、重力等。

传感器模拟：支持摄像头、激光雷达、IMU、GPS、深度相机等多种传感器的仿真，生成的数据可以直接用于 ROS 2 节点的开发。

环境建模：可以在虚拟环境中创建复杂的场景，如建筑物、地形、机器人模型等。

插件系统：Gazebo 支持插件扩展功能，可以自定义机器人行为、传感器输出、环境交互等。

1．机器人模型

使用 URDF 或 SDF 文件定义机器人模型，包括外形、关节、传感器等。这些文件可以通过 xacro 生成，并在 Gazebo 中加载。

（1）URDF

URDF 是 ROS 中常用的机器人描述格式，支持定义机器人链接、关节、传感器等。

示例：

```
<robot name="my_robot">
  <link name="base_link">
    <visual>
      <geometry>
        <box size="1 1 0.5"/>
      </geometry>
    </visual>
```

```
    </link>
    <!-- 其他链接和关节 -->
</robot>
```

（2）SDF

SDF 是 Gazebo 原生支持的格式，功能比 URDF 更强大，支持更复杂的物理特性定义。示例：

```
<sdf version="1.6">
  <model name="my_robot">
    <link name="base_link">
      <collision name="collision">
        <geometry>
          <box>
            <size>1 1 0.5</size>
          </box>
        </geometry>
      </collision>
      <!-- 其他几何定义 -->
    </link>
  </model>
</sdf>
```

2. 启动 Gazebo 仿真

通过 gazebo_ros 包中的 launch 文件启动仿真环境：

```
ros2 launch gazebo_ros empty_world.launch.py
```

这个命令会启动一个空的 Gazebo 仿真环境，可以通过修改 launch 文件加载自定义的世界和机器人模型。

3. 加载机器人模型

通过在 Gazebo 中加载 URDF 或 SDF 文件加载机器人模型，并启动相关的 ROS 2 节点。将机器人模型通过 launch 文件加载：

```
from launch import LaunchDescription
from launch_ros.actions import Node

def generate_launch_description():
    return LaunchDescription([
        Node(
            package='gazebo_ros',
            executable='spawn_entity.py',
            arguments=['-entity', 'my_robot', '-file', '/path/to/robot.urdf'],
            output='screen',
        ),
    ])
```

使用 spawn_entity.py 脚本可以将机器人模型加载到 Gazebo 仿真模型中。

ROS 2 与 Gazebo 仿真的集成为机器人开发者提供了一个功能强大、灵活的仿真平台。利用 Gazebo 仿真，开发者可以在真实硬件之前进行全面的测试和验证，极大地加快开发进程，并确保系统的稳定性和可靠性。本书中车臂一体机器人的 Gazebo 仿真模型如图 8.6 所示。

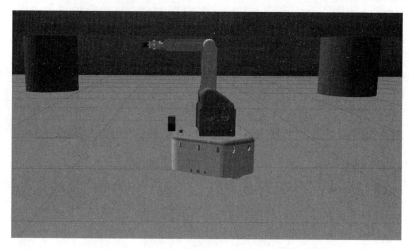

图 8.6　车臂一体机器人的 Gazebo 仿真模型

8.5.7　Nav2

Nav2（Navigation2）是 ROS 2 中的导航框架，旨在为机器人提供路径规划、路径跟踪、障碍物避开等自主导航功能。Nav2 是 ROS 1 中经典导航栈的进化版，利用 ROS 2 的分布式架构、实时性和高性能特点，增强了可扩展性和可靠性。

1．Nav2 的核心功能

路径规划：根据已知或动态构建的地图，规划机器人从当前位置到目标位置的最优路径。

局部避障：在机器人移动过程中，根据实时传感器数据（如激光雷达），动态避开障碍物，保证路径安全。

定位：使用 AMCL 等定位算法，确定机器人在已知地图中的位置。

恢复行为：当机器人被困住或路径无法继续时，执行恢复操作，如旋转、后退等，尝试重新找到可行的路径。

行为树：Nav2 使用行为树（Behavior Tree）来管理任务的执行流程，使导航任务更具灵活性和模块化。

2．Nav2 的主要组件

（1）Costmap 2D

全局代价地图：基于全局静态地图，表示机器人全局的可通行区域，用于路径规划。

局部代价地图：基于实时传感器数据，表示机器人周围的动态环境，用于局部避障。

（2）Planner Server

全局路径规划器，计算从起点到终点的最优路径，常用算法包括 A* 和 Dijkstra。

（3）Controller Server

局部路径控制器，生成机器人运动的控制指令，确保机器人沿着全局路径移动，同时避开动态障碍物。

（4）Recovery Server

定义并执行恢复行为，如在无法继续前进时的旋转或后退操作。

（5）AMCL

使用粒子滤波法确定机器人在已知地图中的位置，适用于已建图环境中的定位任务。

（6）Behavior Tree Server

使用行为树管理导航任务的执行过程，提供灵活的任务控制机制。

3．Nav2 的工作流程

（1）启动 Nav2 和相关节点。使用 nav2_bringup 包的 launch 文件启动导航堆栈，同时启动地图服务器、路径规划器、控制器等。

（2）加载地图。机器人在已知环境中工作时，使用地图服务器加载预先构建的地图。如果在未知环境中工作，可以结合 SLAM 工具构建地图和导航。

（3）设置目标点。通过 RViz2 或其他接口，在地图上设定导航目标点，启动导航任务。

（4）路径规划与跟踪。Planner Server 计算最优路径，Controller Server 生成控制指令，控制机器人沿着规划路径前进。

（5）动态避障与恢复。在机器人前进过程中，Controller Server 利用局部代价地图进行实时避障，Recovery Server 处理可能出现的导航失败情况。

Nav2 是 ROS 2 的核心导航框架，提供了强大的自主导航能力。通过行为树、插件扩展和多机器人支持，Nav2 提供了灵活的导航解决方案，适用于各种复杂的机器人应用场景。借助仿真工具，如 Gazebo，开发者可以在虚拟环境中充分测试和验证导航算法，然后将其应用于实际机器人系统。

8.5.8　MoveIt 2

MoveIt 2 是 MoveIt 的 ROS 2 版本，是一个功能强大的机器人运动规划框架，广泛应用于机械臂和其他复杂机器人的控制和操作。MoveIt 2 延续了 MoveIt 的核心功能，并在 ROS 2 的基础上进行了优化，提升了其在实时性、分布式计算和多线程支持等方面的能力。

1．MoveIt 2 的核心功能

运动规划：提供多种规划算法，生成从机械臂当前位置到目标位置的无碰撞路径。

逆运动学（IK）：计算机械臂关节角度，使末端执行器达到指定的位置和姿态。

正运动学（FK）：根据机械臂关节角度计算末端执行器的位置和姿态。

碰撞检测：实时监控机械臂与环境中的障碍物之间的碰撞情况，并确保路径规划的安全性。

抓取生成：提供抓取生成工具，用于计算最佳的抓取点和姿态。

可视化：通过 RViz2 实现机械臂模型、规划路径、环境障碍物等的可视化。

2．MoveIt 2 的主要组件

（1）Planning Scene：表示机器人和环境的几何模型，包括机械臂、障碍物和目标物体等。它是运动规划和碰撞检测的基础。

（2）Motion Planning Pipeline：运动规划的核心组件，集成了多种规划器，可以根据任务需求选择不同的规划算法。

（3）Inverse Kinematics Solver：计算机械臂末端执行器的目标位置所需的关节角度。MoveIt 2 支持多种 IK 求解器。

（4）Collision Checking：碰撞检测模块实时监控机械臂运动过程中可能发生的碰撞，并根据检测结果调整运动规划。

（5）Trajectory Execution：将规划的路径转化为控制命令，发送给机械臂控制器，确保机械臂按照规划路径运动。

（6）Robot Model：基于 URDF 和 SDF 文件定义机械臂的结构和运动学参数。

》》 8.5.9　行为树

在 ROS 2 中，行为树（Behavior Tree，BT）是一种用于任务执行和决策逻辑的建模工具。它将复杂任务分解为更小、更易管理的行为单元，提供了一种灵活的方式来构建机器人控制系统。行为树最初在游戏开发中得到了广泛应用，如今在机器人自主导航、任务管理和复杂行为控制中也越来越受欢迎。

1．节点

行为树是一种有向树结构，其中的每个节点表示一个行为或任务的执行单元。行为树中的节点分为两类：控制节点（Control Nodes）和执行节点（Execution Nodes）。

（1）控制节点（Control Nodes）

控制节点用于管理子节点的执行顺序和逻辑。常见的控制节点类型如下。

顺序节点（Sequence）：按顺序执行其子节点。如果一个子节点失败，顺序节点停止执行并返回失败。

选择节点（Selector）：按顺序尝试执行子节点，直至找到一个成功的节点。如果一个子节点成功，选择节点停止执行并返回成功。

并行节点 （Parallel）：同时执行多个子节点，通常用于需要并行处理的任务。并行节点可以根据设置的成功/失败条件返回结果。

（2）执行节点（Execution Nodes）

执行节点是叶节点，实际执行某个动作或条件检查。常见的执行节点类型如下。

动作节点（Action Node）：执行特定的动作，如移动到目标点或抓取物体。

条件节点（Condition Node）：检查某个条件是否满足，如检查传感器值或机器人状态。

2．行为树的工作原理

行为树的根节点会根据控制节点的逻辑依次激活子节点，直至整个任务完成或失败。每个节点在执行时会返回下面三种可能的状态之一。

成功（Success）：任务成功完成。

失败（Failure）：任务未能完成。

运行中（Running）：任务正在进行中，尚未完成。

根据这些状态，控制节点决定下一步的行为，从而动态地调整任务执行流程。

在 ROS 2 中，行为树通常通过 BehaviorTree.CPP 库实现。这是一个高效的行为树库，专门用于机器人控制和任务管理。

3．行为树的优点

模块化：每个节点都可以单独开发和测试，便于系统的维护和扩展。

灵活性：行为树允许动态调整任务的执行顺序和逻辑，适应复杂多变的环境。

可读性：行为树结构直观，易于理解和调试，适合团队协作。

行为树在 ROS 2 中提供了一种强大且灵活的工具，用于构建复杂的机器人行为逻辑。通过模块化和可扩展的节点结构，行为树使机器人任务的开发、调试、维护更加高效和直观。随着 ROS 2 在更多机器人应用中的普及，行为树的使用将变得越来越广泛。

8.6　micro-ROS

micro-ROS 是 ROS 2 的一个扩展版本，专门为资源受限的嵌入式设备（如微控制器）设计。它将 ROS 2 的强大功能引入微控制器领域，使这些小型设备也能够参与 ROS 2 的分布式机器人系统。micro-ROS 主要应用于那些需要低功耗、实时性和高度嵌入式控制的场景，如物联网（IoT）设备、传感器节点和小型机器人。

micro-ROS 通过提供一个轻量级的客户端库，使得开发者能够在微控制器上运行 ROS 2 节点，并与 ROS 2 网络中的其他节点无缝通信。它保留了 ROS 2 的核心功能，如发布/订阅模式、服务器/客户端模型、参数服务器等，同时针对嵌入式系统的限制进行了优化。

8.6.1　micro-ROS 架构

1．微控制器端

micro-ROS 客户端库是在微控制器上运行的主要软件组件，包含 ROS 2 的核心通信功能。它支持基本的 ROS 2 通信模式，如 Topics（主题）、Services（服务）、Actions（动作）和 Parameters（参数）。

（1）RTOS（实时操作系统）

micro-ROS 依赖一个底层的 RTOS（如 FreeRTOS、Zephyr、NuttX），负责提供多任务调度、时间管理和硬件抽象层。RTOS 的选择依赖具体的应用需求和硬件平台。

（2）micro-ROS 客户端库

这是在微控制器上运行的核心库，包含 ROS 2 的基础功能。客户端库设计得非常轻量化，以适应微控制器的资源限制。

RCLC（ROS Client Library for C）是一个轻量级的 C 语言库，用于在微控制器上实现

ROS 2 通信功能。RCLC 基于 ROS 2 的 RCL（ROS Client Library）构建，简化了 API，使其适应嵌入式系统的需求。

Middleware（中间件）使 micro-ROS 通过一种简化的中间件（如 Micro XRCE-DDS）实现与代理节点的通信。这个中间件是 DDS 的轻量级实现，专为资源受限设备设计。

（3）micro-ROS 节点

与常规 ROS 2 节点类似，micro-ROS 节点在微控制器上运行，执行特定的任务或行为。节点可以发布/订阅主题，调用服务或处理动作。发布者（Publisher）负责向 ROS 2 网络发布数据。订阅者（Subscriber）负责从 ROS 2 网络接收数据。服务（Service）提供同步的请求-响应通信。动作（Action）处理长时间运行的任务。

2. 代理节点（Agent Node）

代理节点是运行在常规 ROS 2 上的一个中间节点，负责将 micro-ROS 节点的通信数据转发到 ROS 2 网络中。代理节点使用 DDS 协议与其他 ROS 2 节点通信，同时通过专用协议与微控制器端的 micro-ROS 客户端通信。代理节点使用 Micro XRCE-DDS 与微控制器通信。

代理节点作为 ROS 2 网络的一部分，与其他标准的 ROS 2 节点通信，包括主题发布/订阅、服务请求/响应、动作执行等。

3. 通信流程

micro-ROS 架构中的通信流程包括以下步骤。

（1）节点启动：微控制器上的 micro-ROS 节点通过 micro-ROS 客户端库启动，连接到 RTOS。

（2）初始化通信：节点通过 XRCE-DDS 与代理节点建立通信通道。

（3）数据传输：微控制器上的节点开始通过代理节点发布/订阅消息，或发起服务调用。

（4）代理节点处理：代理节点将数据转发到 ROS 2 网络中的其他节点，或将 ROS 2 网络中的数据传输回微控制器。

（5）任务执行：微控制器根据收到的数据执行相应的任务，并继续通过代理节点与 ROS 2 网络通信。

微控制器端的节点和代理节点之间的通信是 micro-ROS 架构的关键部分。通过这种架构，微控制器能够参与复杂的 ROS 2 网络，执行分布式任务，处理数据，并在需要时实时响应。

micro-ROS 架构通过轻量级客户端库和代理节点的配合，使资源受限的嵌入式设备能够有效地参与 ROS 2 系统。这种架构不仅保持了 ROS 2 的强大功能，还针对嵌入式系统的需求进行了优化，广泛应用于物联网、工业自动化和小型机器人等领域。

8.6.2 micro-ROS 主要组件

micro-ROS 是一个复杂的生态系统，由多个主要库和组件构成。这些库和组件被精心设计，以便能够在微控制器等嵌入式平台上运行。下面介绍 micro-ROS 的主要库和组件。

（1）RCL

RCL 是 ROS 2 的核心客户端库，也是 micro-ROS 的基础。它定义了 ROS 2 通信的核心 API，如发布/订阅、服务器/客户端、参数管理等。RCL 提供了底层的功能，支持多种语言接口。

（2）RCLC

RCLC 是基于 RCL 的一个轻量级 C 语言接口，专为嵌入式设备设计。它提供了一个简单易用的 API，用于在微控制器上实现 ROS 2 功能。RCLC 是 micro-ROS 的核心库，负责管理节点的生命周期、发布/订阅主题、调用服务等。

RCLC 的主要组件包括：

rclc_init：初始化 micro-ROS 客户端，设置节点，创建执行器等。

rclc_executor：一个轻量级的执行器，用于调度微控制器上的 ROS 2 回调函数。通过简单的轮询机制来处理不同的 ROS 2 事件，如消息的发布和订阅。

rclc_lifecycle：帮助管理 micro-ROS 节点的生命周期，支持标准的 ROS 2 生命周期管理模型。

（3）Micro XRCE-DDS

Micro XRCE-DDS 是 XRCE-DDS 的一种实现，用于在资源受限的设备上运行 DDS 通信协议。XRCE-DDS 是 DDS 的轻量级版本，专为嵌入式系统设计。Micro XRCE-DDS 的主要组件包括：

Client Library：运行在微控制器上的库，用于管理与代理节点的通信。负责封装底层的 DDS 数据传输协议，使 micro-ROS 节点能够通过代理节点与 ROS 2 网络通信。

Agent Library：运行在代理节点上的库，负责处理来自多个 micro-ROS 客户端的请求，并将它们集成到 ROS 2 网络中。

（4）rmw_microxrcedds

rmw_microxrcedds 是 micro-ROS 的 RMW（ROS Middleware）实现，它将 micro-ROS 客户端与 XRCE-DDS 中间件连接起来。RMW 是 ROS 2 的抽象层，负责管理底层的通信机制。rmw_microxrcedds 使 micro-ROS 可以通过 Micro XRCE-DDS 进行高效的数据传输。

（5）std_msgs 和 sensor_msgs

这些是标准的 ROS 2 消息库，用于定义通用的消息类型，如整型、浮点型、字符串、图像、激光扫描等。micro-ROS 支持 std_msgs 和 sensor_msgs，使嵌入式设备能够发布和订阅这些标准消息类型。

（6）rcl_logging_micro_ros

rcl_logging_micro_ros 是 micro-ROS 的日志库，提供了轻量级的日志记录功能。由于嵌入式设备的资源限制，该库针对内存和计算资源进行了优化。

（7）micro_ros_arduino

micro_ros_arduino 是一个专为 Arduino 开发环境设计的库，旨在简化 micro-ROS 的开发。它为 Arduino 平台提供了简单的接口，使开发者能够快速地在 Arduino 微控制器上运行 micro-ROS 节点。

（8）micro-ROS Build System（micro_ros_setup）

micro-ROS Build System 是一个用于构建和部署 micro-ROS 应用的工具集，包括一系列脚本和配置文件，帮助开发者在不同的嵌入式平台上配置和编译 micro-ROS。

（9）rcl_interfaces

rcl_interfaces 定义了 ROS 2 中使用的各种接口，如参数、服务和动作接口。micro-ROS 利用这些接口来管理嵌入式设备的通信和配置。

（10）嵌入式操作系统支持

虽然它不是一个库，但 micro-ROS 对多个嵌入式实时操作系统（RTOS）的支持也是其关键特性之一。常见的 RTOS 包括：

FreeRTOS：一个广泛使用的实时操作系统，适用于多种微控制器。

Zephyr：一个模块化的 RTOS，支持多种硬件平台和网络协议。

NuttX：一个小型、可扩展的 RTOS，适用于资源受限的设备。

micro-ROS 的架构由多个主要库组成，这些库经过高度优化，能够在资源有限的嵌入式微控制器上运行。核心库如 RCLC、Micro XRCE-DDS 和 rmw_microxrcedds 负责实现 ROS 2 的基础通信功能，而辅助库如 micro_ros_arduino 和 micro-ROS Build System 则简化了开发和部署过程。通过这些库的协同工作，micro-ROS 使嵌入式设备能够无缝集成到 ROS 2 网络中，实现复杂的分布式机器人系统。

8.6.3　micro-ROS 机器人开发实例

使用 micro-ROS 实现机器人运动控制是一个典型的应用场景，特别是在资源受限的嵌入式平台上。本例将展示如何通过 micro-ROS 实现一个简单的机器人运动控制系统。假设有一个两轮差速驱动的机器人，并且微控制器（如 STM32）负责低级运动控制，而 ROS 2 系统（运行在 PC 或更强的处理器上）负责高层次的运动规划和指令发布。

1. 实例说明

目标是通过 ROS 2 发送速度指令，控制微控制器驱动的机器人运动。微控制器将接收线速度和角速度指令，然后将这些指令转换为控制信号发送给电机驱动器，从而实现机器人的前进、后退和转向。

硬件部分：驱动轮式机器人 + 微控制器（STM32）+ 电机驱动器 + 编码器传感器。

微控制器端：运行 micro-ROS 客户端，接收速度指令并控制电机。

代理端：ROS 2 代理节点，运行在 PC 上，负责将运动控制指令转发到微控制器。

PC 端：ROS 2，负责发布速度指令。

2. 实现流程

（1）在 PC 上安装 ROS 2 和 micro-ROS 工具链

在 PC 上安装 ROS 2，并使用 micro_ros_setup 配置和安装 micro-ROS 的开发环境。使用 micro_ros_setup 创建和配置 micro-ROS 工程命令如下：

```
source /opt/ros/foxy/setup.bash
ros2 run micro_ros_setup create_firmware_ws.sh freertos stm32
```

（2）STM32 微控制器代码实现

实现微控制器上的运动控制逻辑。编写代码，从 ROS 2 接收速度指令（线速度 v 和角速度 ω），并计算每个电机的速度。

集成 micro-ROS。将 micro-ROS 集成到微控制器项目中。设置 micro-ROS 节点，订阅 /cmd_vel 主题，该主题发布速度指令。命令如下：

```
rcl_subscription_t cmd_vel_subscriber;
rclc_subscription_init_default(
    &cmd_vel_subscriber,
    &node,
    ROSIDL_GET_MSG_TYPE_SUPPORT(geometry_msgs, msg, Twist),
    "/cmd_vel");

void cmd_vel_callback(const void * msgin)
{
    const geometry_msgs__msg__Twist * msg = (const geometry_msgs__msg__Twist *)msgin;
    float v = msg->linear.x;
    float w = msg->angular.z;

    // 使用前述计算方法控制电机
    control_motors(v, w);
}
```

使用 micro-ROS Build System 构建项目并将其刻录到微控制器上：

```
ros2 run micro_ros_setup build_firmware.sh
ros2 run micro_ros_setup flash_firmware.sh
```

（3）设置代理节点

在 PC 上运行代理节点。代理节点用于管理微控制器和 ROS 2 之间的通信。命令如下：

```
ros2 run micro_ros_agent micro_ros_agent udp4 --port 8888
```

（4）在 ROS 2 中发送运动指令

使用 ROS 2 的 geometry_msgs/Twist 消息格式发布速度指令：

```
ros2 topic pub /cmd_vel geometry_msgs/Twist "{linear: {x: 0.5, y: 0.0, z: 0.0},
angular: {x: 0.0, y: 0.0, z: 0.2}}"
```

这条指令将让机器人以 0.5 m/s 的线速度向前移动，并以 0.2 rad/s 的角速度左转。

使用 ROS 2 的 rqt_graph 查看节点通信拓扑，确保指令正确传递。使用 rqt_plot 实时查看传感器数据或 rosbag 记录数据。

上述开发流程实现了一个基于 micro-ROS 的机器人运动控制系统。这一过程涵盖了从硬件配置、micro-ROS 集成、通信设置到调试和优化的各个步骤，帮助开发者理解如何在资源受限的嵌入式平台实现复杂的机器人控制功能。微控制器上的运动控制逻辑与 ROS 2 的高层次指令相结合，可以实现灵活且高效的机器人运动控制。

8.7 习 题

1. 简述 ROS 的版本及发展。
2. 简述 ROS 2 的特点。
3. 简述 ROS 2 节点通信方式。
4. 简述 micro-ROS 的特点。

第9章 机器人低层传感器系统

9.1 机器人低层传感器系统概述

在机器人系统中，低层传感器系统通过各种传感器与下层微控制器连接，形成基础的感知与控制架构。这些传感器包括姿态传感器、超声波传感器、红外传感器、碰撞传感器和电池电压测量传感器等，所有这些传感器的信号都被传输到下层微控制器中进行处理和决策。

姿态传感器（包含加速度计、陀螺仪和磁力计）通常使用 I²C 或 SPI 接口与微控制器连接，使用 I²C/SPI 接口将测得的加速度、角速度和磁场数据传输给微控制器。微控制器根据这些数据进行姿态估计，如计算机器人当前的倾斜角度、旋转方向等。可以使用卡尔曼滤波器等算法提高姿态估计的精度。

超声波传感器通常使用数字 I/O 端口与微控制器连接。超声波传感器通常有触发（Trigger）和回波（Echo）两个引脚。微控制器通过触发引脚发送一个短脉冲，启动测距过程。超声波传感器发出声波并接收反射信号，通过计算触发脉冲与接收回波之间的时间差测量距离。回波信号通过数字输入端口传到微控制器中。

红外传感器可以通过模拟输入或数字输入接口与微控制器连接。红外传感器的输出可以是模拟电压信号（代表距离的远近），也可以是数字信号（代表物体存在与否）。微控制器读取传感器输出，根据预设的阈值或算法，判断前方是否有障碍物或物体存在，并采取相应的动作。

碰撞传感器是一种简单的数字输入传感器，通常用于检测是否接触。碰撞传感器通过数字 I/O 端口连接到微控制器，输出为高/低电平信号（通常为二进制信号，表示开/关状态）。

电池电压测量传感器通过模拟输入接口与微控制器连接，用于实时监控电池电压。电池电压测量传感器输出一个模拟电压信号，与电池电压成比例。微控制器通过 ADC 读取此电压值。微控制器将读取到的电压值转换为实际的电池电压，并根据电池电压判断当前电量状态，可能还会触发低电压报警或自动关机等保护措施。

9.2 姿态传感器

姿态传感器也称为 IMU（Inertial Measurement Unit，惯性测量单元），是基于 MEMS 技术的高性能三维运动姿态测量系统。它包含三轴加速度计、三轴陀螺仪和三轴电子罗盘等运动传感器，可利用基于四元数的三维算法和特殊数据融合技术，实时输出以四元数、欧拉角表示的零漂移三维姿态方位数据。

（1）加速度计可以测量物体的加速度，也可以测量倾角。原理是重力加速度 g 的方向总是竖直向下的，通过获得重力加速度在其 X 轴、Y 轴上的分量，从而计算出物体相对于水平面的倾斜角度。加速度计可以测量动态和静态线性加速度。静态线性加速度的一个典型例子就是重力加速度，用加速度计直接测量物体静态重力加速度可以确定倾斜角度。加速度传感器在静止时，仅仅输出作用在加速度灵敏轴上的重力加速度值，即重力加速度的分量值。根据各轴上的重力加速度的分量值可以算出物体在垂直方向和水平方向上的倾斜角度。加速度计动态响应慢，不适合跟踪动态角度运动；如果期望快速响应，会引起较大的噪声。再加上其测量范围的限制，单独应用加速度计检测车体倾角并不合适，需要与其他传感器共同使用。

（2）陀螺仪也称为角速度传感器，一般可通过对角速度传感器进行积分，计算旋转的角度。陀螺仪的直接输出值是相对转动轴的角速度，角速度对时间积分即可得到围绕转动轴旋转过的角度值。由于系统采用微控制器循环采样程序获得陀螺仪角速度信息，即每隔一段很短的时间采样一次，因此采用累加的方法实现积分的功能来计算角度值，但积分时间过长会有较大的累计误差，所以单独利用陀螺仪来计算旋转角度也无法达到较好的精度。

（3）电子罗盘也称为磁力计、电子指南针，可以通过磁场数据计算方位角，主要通过感知地球磁场的存在来计算磁北极的方向。然而由于地球磁场在一般情况下只有微弱的 0.5 高斯，而一个普通的手机扬声器在相距 2 厘米时仍会有大约 4 高斯的磁场，一个手机马达在相距 2 厘米时会有大约 6 高斯的磁场，这一特点使得针对电子设备表面地球磁场的测量很容易受到电子设备本身的干扰。因此在使用电子罗盘的时候，需要结合自身所处的磁场环境进行正北校正，从而获得尽量准确的方位角。

姿态传感器广泛应用于航模无人机、机器人、天线云台、聚光太阳能、地面及水下设备、虚拟现实、人体运动分析等需要低成本、高动态三维姿态测量的产品设备。主要的姿态传感器生产厂家有 ADI、Bosch（博世）、ST（意法半导体）和 InvenSense 等，其中至少有三家推出了九轴惯性传感器组件（IMU），包括 Bosch 公司的 BMX055、ST 公司的 LSM9DS0 以及 InvenSense 公司的 MPU9250 等。

9.2.1　姿态传感器数据处理

1. 加速度计计算

加速度计测量 3 个轴的加速度分量，可利用三角函数关系计算角度姿态：

$$\rho = \arctan\left(\frac{A_x}{\sqrt{A_y^2 + A_z^2}}\right), \quad \phi = \arctan\left(\frac{A_y}{\sqrt{A_x^2 + A_z^2}}\right), \quad \gamma = \arctan\left(\frac{\sqrt{A_x^2 + A_y^2}}{A_z}\right) \tag{9.1}$$

其中，A_x，A_y，A_z 分别是 x, y, z 这 3 个轴的加速度分量；γ 为 Z 轴与重力加速度的夹角；ρ 为俯仰角；ϕ 为翻滚角。

2. 陀螺仪计算

陀螺仪测量的是旋转的角速度，通过积分可以得到对应的角度值。

$$\theta_k = (\omega_k - \omega_{\text{bias}_k})\mathrm{d}t + \theta_{k-1} \tag{9.2}$$

其中，θ_k 为当前时刻的角度值；θ_{k-1} 为前一时刻的角度值；ω_k 为陀螺仪测量当前时刻的角度值；ω_{bias_k} 为当前时刻角速度的偏移量；$\mathrm{d}t$ 为积分时间，即角度计算的采样周期。

3. 电子罗盘计算

电子罗盘测量的是 3 个轴的磁感应强度，由于 x 和 y 两轴的磁感应强度合成后总指向磁北极，因此，可通过测量敏感轴与磁北极的夹角来实现航向角的测量。当电子罗盘在水平位置且无外加磁场干扰时，航向角可通过如下三角函数关系计算：

$$\alpha = \arctan\left(\frac{H_y}{H_x}\right) \tag{9.3}$$

其中，H_x 和 H_y 分别为 x 轴和 y 轴输出的磁感应强度数据。

当电子罗盘不在水平位置的时候，可通过倾斜补偿方法减少航向角检测的误差。倾斜补偿公式为

$$\begin{cases} H'_y = M_y\cos\phi + M_x\sin\phi\sin\rho - M_z\sin\phi\cos\rho \\ H'_x = M_x\cos\rho + M_z\sin\rho \end{cases} \tag{9.4}$$

其中，M_x，M_y，M_z 分别为电子罗盘输出的 3 个轴数据；ρ 和 ϕ 分别为借助加速度计检测的俯仰角和翻转角。利用补偿后的磁感应强度 H'_x 和 H'_y 可以计算补偿后的航向角。

9.2.2　多传感器融合

姿态传感器融合是指将 IMU 内部的数据进行融合。加速度计和电子罗盘具有高频噪声，瞬时值不精确，解出来的姿态会有一定震荡；而陀螺仪具有低频噪声，每个时刻的角速度是比较准确的，通过积分可以获得旋转角，但是会出现累计误差，出现漂移现象。加速度计和电子罗盘与陀螺仪的特性互补，可以融合这三种传感器的数据，提高精度和系统的动态特性。IMU 姿态融合中，滤波的主要方法有互补滤波器、卡尔曼滤波器等。

1. 互补滤波器

在很多实际应用中，对一些测量变量的误差模型很难有准确的估计，或者一些误差不是随机的或正态分布。因此，如果有不需要对测量变量的误差做任何假设的方法可能会更好，从而避免错误模型带来的巨大估计错误。这样的方法在最小均方误差的意义上可能会有些损失，但它比在不通常情况下模型错误造成的巨大错误要好。互补滤波器就是一种不需要对误差模型做过多假设的方法。

下面以一维滤波器为例。

假设一个角度信号 $y(t)$ 有两种测量方法：

$$\begin{aligned} z_1(t) &= y(t) + n_1(t) \\ z_2(t) &= y(t) + n_2(t) \end{aligned} \tag{9.5}$$

其中，$n_1(t)$ 和 $n_2(t)$ 是测量噪声。

我们希望能够对两种方法的误差进行平均，使得平均后误差尽可能最小。在 IMU 姿态估计中，假设 $z_1(t)$ 是陀螺仪积分出来的角度，那么结果可认为在短时间内是准确的，但长时间后因漂移所带来的误差，精度会下降，即 $n_1(t)$ 主要是低频噪声；假设 $z_2(t)$ 是加速度计通过重力对比计算出来的角度，那么在短时间内因运动造成的加速度是不准确的，而 IMU 不

可能一直朝着一个方向作加速，所以在长时间内的 $z_2(t)$ 的平均值是准确的，即 $n_2(t)$ 主要是高频噪声。因此可以把 $z_1(t)$ 通过一个高通滤波器，滤掉低频噪声；把 $z_2(t)$ 通过低通滤波器，滤掉高频噪声，再作一次平均，就可以得到较为准确的结果。这就是互补滤波器的核心思想。

角度互补滤波器实际上对陀螺仪积分得到的角度值和加速度计算出的角度值做了加权平均，其权重是固定不变的。若设互补滤波系数为 a，则

融合后的角度值 = a× 陀螺仪积分得到的角度值+ $(1-a)$ ×加速度计算出的角度值

若想深入研究可以去查阅一些关于互补滤波器的拓展，这里仅仅介绍一维滤波器，另外还有二维互补滤波器、三维滤波器如 Mahony 滤波器等。

2. 卡尔曼滤波器

由于互补滤波器的加权平均参数是固定的，在实际情况下效果不是特别理想，因此常用卡尔曼滤波方法实现 IMU 传感器融合。通常卡尔曼滤波器以 $k-1$ 时刻的最优估计 x_{k-1} 为准，来预测 k 时刻的状态变量 $\hat{x}_k$，同时对该状态进行观测，得到观测变量 z_k，再在观测变量与预测变量之间进行分析，通过观测变量对预测变量进行修正，从而得到 k 时刻的最优状态估计 x_k，这就是卡尔曼滤波的基本思想。下面介绍一般卡尔曼滤波的公式。

（1）预测

根据 $k-1$ 时刻的 x 的后验，计算 k 时刻 x 的先验和似然，状态方程如下：

$$\bar{x}_k = A_k \hat{x}_{k-1} + Bu_k \tag{9.6}$$

其中，$\hat{x}_{k-1}$ 和 $\hat{x}_k$：分别表示 $k-1$ 时刻和 k 时刻的后验状态估计值，是滤波的结果之一，即更新后的结果，也称最优估计。

$\bar{x}_k$：k 时刻的先验状态估计值，是滤波的中间计算结果，即根据上一时刻（$k-1$ 时刻）的最优估计预测的 k 时刻的结果，指预测方程的结果。

A_k：状态转移矩阵，实际上是对目标状态转换的一种猜想模型。例如，在机动目标跟踪中，状态转移矩阵常用来对目标的运动建模，其模型可能为匀速直线运动或者匀加速运动。当状态转移矩阵不符合目标的状态转换模型时，滤波会很快发散。

B：将输入转换为状态的矩阵。

u：系统输入。

协方差的预测：

$$\bar{P}_k = A_k \hat{P}_{k-1} A_K^{\mathrm{T}} + R \tag{9.7}$$

其中，$\hat{P}_{k-1}$ 和 $\bar{P}_k$：分别表示 $k-1$ 时刻和 k 时刻的后验估计协方差（$\hat{x}_{k-1}$ 和 $\hat{x}_k$ 的协方差，表示状态的不确定度），是滤波的中间计算结果。

R：过程激励噪声协方差（系统过程的协方差），表示状态转换矩阵与实际过程之间的误差。因为无法直接观测到过程信号，所以 R 的取值是很难确定的。它是卡尔曼滤波器用于估计离散时间过程的状态变量，也是预测模型本身带来的噪声，也称为状态转移协方差。

（2）更新，求卡尔曼增益

滤波增益方程（卡尔曼增益）：

$$K = \bar{P}_k C_k^T (C_k \bar{P}_k C_k^T + Q)^{-1} \qquad (9.8)$$

C_k：k 时刻状态变量到测量（观测）的转换矩阵，表示将状态和观测连接起来的关系，卡尔曼滤波里为线性关系，它负责将 m 维测量值转换到 n 维，使之符合状态变量的数学形式，是滤波的前提条件之一。

Q：测量噪声协方差。滤波器实际实现时，测量噪声协方差 Q 一般可以观测得到，是滤波器的已知条件。

K：滤波增益矩阵，是滤波的中间计算结果，称为卡尔曼增益或卡尔曼系数。

（3）更新后验

滤波估计方程（k 时刻的最优值）：

$$\hat{x}_k = \bar{x}_k + K(z_k - C_k \bar{x}_k) \qquad (9.9)$$

其中，

z_k：测量值（观测值），是滤波的输入。

$z_k - C_k \bar{x}_k$：实际观测和预测观测的残差，和卡尔曼增益一起修正先验（预测），得到后验。

滤波均方误差更新矩阵（k 时刻的最优协方差）：

$$\hat{P}_k = (I - K C_k) \bar{P}_k \qquad (9.10)$$

上述公式的证明较为复杂。如果对卡尔曼滤波的详细推导感兴趣，可以查阅相关书籍。对卡尔曼滤波的证明、卡尔曼公式的推导符号，相关图书有所不同，但思想都是通过对状态的预测先观测再修正。

卡尔曼滤波对姿态传感器是一种非常适合的算法，因为姿态传感器可以使用陀螺仪、加速度计等输出姿态信息，这样就可以通过卡尔曼滤波器来滤波。设第 k 时刻转过的角度为 θ_k，角速度为 $\dot{\theta}_k$；同时设在从第 $k-1$ 时刻到第 k 时刻的角加速度为 $\ddot{\theta}_k$，第 k 时刻与第 $k-1$ 时刻的时间差为 Δt，W_k 为系统过程噪声向量，且 $W_k \sim N(0, Q_k)$；V_k 为二维观测噪声向量，且 $V_k \sim N(0, R_k)$。

（1）可以把加速度计作为观测模型，陀螺仪作为状态变换模型。

陀螺仪计算出来的角速度是控制变量输入，加速度计是观测值。使用差分方程表示系统，对状态向量建模如下：

$$\begin{aligned} x_k &= F x_{k-1} + B u_k + W_k \\ x_k &= \begin{bmatrix} \theta \\ \dot{\theta}_b \end{bmatrix}_k, \quad F = \begin{bmatrix} 1 & -\Delta t \\ 0 & 1 \end{bmatrix}, \quad B = \begin{bmatrix} \Delta t \\ 0 \end{bmatrix} \end{aligned} \qquad (9.11)$$

测量方程如下：

$$\begin{aligned} z_k &= H x_k + V_k \\ H &= \begin{bmatrix} 1 & 0 \end{bmatrix} \end{aligned} \qquad (9.12)$$

（2）系统第 k 个时刻的状态向量 x_k 为 $\begin{bmatrix} \theta_k \\ \dot{\theta}_k \\ \ddot{\theta}_k \end{bmatrix}$，根据随机差分方程和运动学方程，可得该系统状态方程为

$$x_k = \begin{bmatrix} \theta_k \\ \dot{\theta}_k \\ \ddot{\theta}_k \end{bmatrix} = \boldsymbol{\Phi}_{k,k-1} x_{k-1} + \boldsymbol{\Gamma}_{k,k-1} W_{k-1} = \begin{bmatrix} 1 & \Delta t & \Delta t^2/2 \\ 0 & 1 & \Delta t \\ 0 & 0 & 1 \end{bmatrix} x_{k-1} + \begin{bmatrix} 0 \\ 0 \\ 1 \end{bmatrix} W_{k-1} \tag{9.13}$$

在姿态传感器信息进行卡尔曼融合的过程中,观测到的是角度信息和角速度信息,则观测向量 Z_k 记为 $\begin{bmatrix} \theta_{zk} \\ \dot{\theta}_{zk} \end{bmatrix}$,根据随机过程的观测方程可得

$$Z_k = H x_k + V_k = \begin{bmatrix} 1 & 0 & 0 \\ 0 & 1 & 0 \end{bmatrix} x_k + V_k \tag{9.14}$$

把状态方程和测量方程代入卡尔曼滤波公式可以获得融合后的结果。在卡尔曼滤波中 Q_k, R_k 不变,分别记为 Q 和 R。通过初始化向量 x_0、初始方差矩阵 P_0、系统过程激励噪声协方差 R 和测量噪声协方差 Q 就可以在迭代中得出最优估计值 $\hat{x}_k$,这些初值尤其是 Q 和 R 的设定将直接影响卡尔曼滤波的效果。

3. Madgwick 算法

Madgwick 是一种方向滤波法,用于获得精确的姿态数据,并不考虑整个 IMU 的积分过程。此算法分别使用内部传感器、外部传感器求出两个姿态(四元数),随后将这两个姿态进行融合。其中,在 IMU 受力平衡状态下,陀螺仪是内部传感器,加速度计和磁力计是外部传感器。该算法使用四元数表示法,将加速度计和磁力计数据用于优化的梯度下降算法,以将陀螺仪测量误差的方向计算为四元数导数,该算法的精度水平与基于卡尔曼的算法相匹配。

Madgwick 算法主要包括如下步骤。

内部传感器积分的四元数:用陀螺仪测量值与 $t{-}1$ 时刻的四元数积分计算出 t 时刻四元数 $P_i(t)$。

外部传感器优化的四元数:用 t 时刻加速度计或磁力计的测量值构建最小化问题,求 t 时刻四元数。在求最小化问题的过程中,采用一种四元数关于 Δt 的一阶导数得到梯度方向,并没有使用传统的梯度下降法,从而减少了迭代过程,提高了计算效率,由此计算 t 时刻四元数 $P_e(t)$。

融合前面两个四元数,得到 $P_a(t)$:

$$P_a(t) = \gamma P_e(t) + (1-\gamma) P_i(t) , \quad 0 \leqslant \gamma \leqslant 1 \tag{9.15}$$

有关 Madgwick 算法的细节,可以参考 Sebastian Madgwick 的论文 *Estimation of IMU and MARG orientation using a gradient decent algorithm*。其中,imu_filter_madgwick 是基于 Madgwick 算法的一个 ROS 开源包,通过过滤和融合初始数据,将融合数据以四元数的形式输出,并发布 imu/data 主题。

Madgwick 算法使用四元数法表示姿态,姿态的融合使用四元数计算,最后通过公式转换为欧拉角。首先,根据陀螺仪的角速度计算得到一个姿态;然后,通过对加速度计的加速度和磁力计的磁场强度使用梯度下降法找到姿态的最优解并进行融合,得到加速度计和磁力计共同计算的姿态;最后,根据各自误差的大小决定权值,采用加权融合的方法,把陀螺仪

姿态以及加速度计和磁力计的共同姿态进行一个最终的融合，解出姿态四元数，把姿态四元数转换为欧拉角输出。

姿态传感器 Madgwick 融合算法的具体步骤如下。

（1）对磁力计进行椭球校正

磁力计由于受到外界电磁环境的影响，输出常常不准确，所以需要结合外部环境进行校正。例如，本书中利用 MPU9250 芯片的磁力计输出数据如图 9.1 所示，磁力计的散点分布比较混乱，不太接近一个球体。

但传感器在空中各个方向旋转时，测量值组成的空间几何结构体应该无限接近一个球体，因此需要采用基于椭球拟合的磁力计误差校正方法对数据进行校正。具体校正流程：先采集磁力计的原始输出，在采集数据时，可以让磁力计在空中"画 8 字"，或者尽可能在各个方向绕轴旋转，模拟出一个球体；再把采集到的数据保存起来，并根据这些数据得出校正模型，校正后的结果如图 9.2 所示。

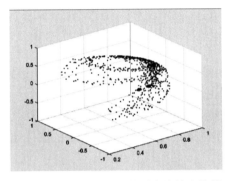 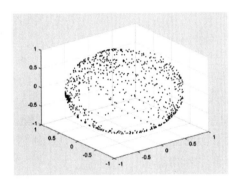

图 9.1　未经过椭球校正的磁力计输出数据　　　图 9.2　经过椭球校正后的磁力计输出数据

（2）Madgwick 算法的具体步骤

实现算法主要分为三大步骤：一是初始化微控制器的时钟、定时器和外部 I/O 引脚；二是实现 MPU9250 芯片的驱动代码；三是实现功能代码，即 Madgwick 算法和四元数转换为欧拉角的函数。

9.3　超声波传感器

超声波传感器通过一个发射器发射超声波，一个接收器接收反射回来的超声波，从而确定物体的位置、形状。超声波属于一种声波类型，其频率一般在 20kHz 以上，其特点是方向性好且穿透力强，因此可以作为声波射线实现定向传播。超声波测速的原理就是通过超声波发射器发射出一个超声波脉冲，目前频率常采用 40kHz，当前方没有障碍物时，超声波会一直传播而不会发生反射，所以在超声波发射器旁边的超声波接收器不可能接收到反射回来的超声波信号；但当前方有障碍物时，超声波传感器发射出的超声波信号在碰到障碍物后会发生反射，此时在超声波发射器旁边的超声波接收器会接收到反射回来的超声波信号，此时由于接收信号会触发到与控制芯片的连接引脚，从而使控制芯片知道前方有障碍物，并且控制芯片在发送超声波信号时会开始计时，当接收到有反射信号返回时会停止计时，从而获得这一段时间值，并通过这段时间值计算出障碍物的距离，如图9.3所示。具体计算公式如下：

$$D = C \times T/2$$

其中，D 为计算出的障碍物和传感器之间的距离；C 为声音的传播速度；T 为从发出超声波信号到检测到有超声波信号返回的时间间隔。

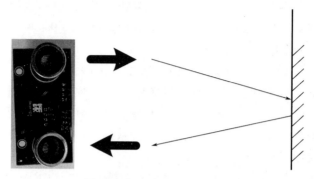

图9.3　超声波传感器示意图

超声波传感器的主要性能指标包括如下几个。

（1）工作频率。工作频率就是压电晶片的共振频率。当加到它两端的交流电压的频率和晶片的共振频率相等时，输出的能量最大，灵敏度也最高。

（2）工作温度。由于压电材料的居里点一般比较高，特别是诊断用的超声波探头使用功率较小，因此工作温度比较低，可以长时间工作而不失效；医疗用的超声探头的温度比较高，需要单独的制冷设备。

（3）灵敏度。主要取决于制造晶片本身。机电耦合系数越大，灵敏度越高。

目前机器人常采用超声波传感器对障碍物距离进行测量以实现避障功能。相对于激光测距传感器，超声波传感器的缺点是测量速度慢（因声波速远慢于光速），发射声波不够集中，反射面较大，所以精度也较低；但超声波传感器的优势是超声波传感器可以测得激光传感器不能测量的透明玻璃物质的距离，因此可以作为其他测距传感器的补充。

9.3.1　超声波测距电路设计

超声波测距的常用方法是回声探测法。超声波发射器向某一方向发射超声波，在发射时刻计数器开始计时，超声波在空气中传播，途中碰到障碍物阻挡就立即反射回来，超声波接收器接收到反射回的超声波就立即停止计时。超声波在空气中的传播速度为340m/s，根据计时器记录的时间 t，就可以计算出发射点距障碍物面的距离 s，即 $s = 340t/2$。因此，超声波传感器测距模块主要包括发射电路和接收电路两个部分。

1. 超声波发射电路

主要思路是产生出40kHz的脉冲信号，将其加到超声波探头的引脚上，使内部的压电晶片产生共振，向外发射超声波。实现电路是使用555定时器或利用施密特触发器构成多谐振荡器，调节电阻（电位器）来获得40kHz方波。

2. 超声波接收电路

由于超声波接收探头产生的电信号非常弱，需要进行放大处理，因此由晶体管和运算放大器等分立器件构成放大电路，放大接收信号，同时考虑到接收信号的频率为 40kHz，为了屏蔽其他频率信号的干扰，还在电路中增加带通滤波的环节；也可以采用集成的信号处理芯片对信号进行放大及带通滤波的处理，电路相对简单。例如，CX20106 是 SONY 公司的专用集成前置放大器，由前置放大器、限幅放大器、带通滤波器、检波器、积分器、整形电路组成。其中的前置放大器具有自动增益控制功能，可以保证在超声波传感器接收较远反射信号输出微弱电压时放大器有较高的增益，在近距离输入信号强时放大器不会过载。

9.3.2　超声波测距数据处理

1. 温度对声速的影响

超声波也是一种声波，其声速 V 与温度有关。在使用时，如果传播介质温度变化不大，可近似认为超声波的速度在传播过程中是基本不变的。如果对测距精度要求很高，则应通过温度补偿的方法对测量结果加以数值校正。$V = 331.4 + 0.607T$，其中，T 为实际温度，单位为℃；V 为超声波在介质中的传播速度，单位为 m/s。

2. 角度和物体表面的影响

实际测量时，传感器和被测物体的角度不同，被测物体表面也可能不是平整的或其他特殊情况，会导致测量结果错误，可以通过旋转探头角度多次测量来解决。

3. 超声波传感器测距工作流程

微控制器控制超声波发射引脚发射多个（常是 8 个）40kHz 方波，微控制器控制定时器开始计时，不断地检测超声波接收引脚是否有信号返回，若有信号返回则停止定时并记录当前计时的时间，从而可计算出距离；若长时间检测不到返回信号，则认为前方无障碍物。

9.3.3　多超声波传感器测距

超声波传感器测距过程中，由于借助的是声波传播进行测距，而声波的速度远远慢于光波的速度，因此不能像激光传感器那样旋转 360° 对四周的障碍物进行测量，而需要在不同的角度放置多个超声波传感器进行测量（如有 6 个超声波传感器，每个测量 60° 范围，从而围成 360°）。当直接用 GPIO 接口控制一个超声波传感器，典型的接口方式是，一个发射口用于控制发射超声波，一个接收口用于检测反射回来的信号。但用多个超声波传感器进行多个角度测距时，采用 GPIO 的方式在硬件和程序扩展方面都不合适，因此可采用基于总线的采集模式，即对每个超声波传感器都用一个微控制器芯片进行控制，并且可以把采集到的数据传送到总线上，方便系统主控制板获取。

由于超声波传感器采集速度不是非常快（受声速的限制），因此可采用 RS485 总线对超声波传感器模块的数据进行获取，连接示意图如图 9.4 所示。

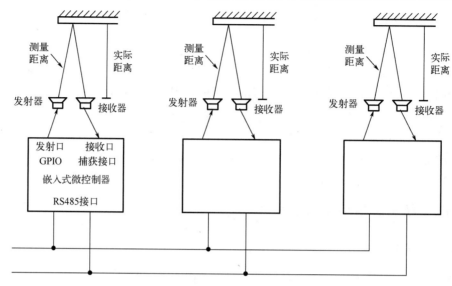

图 9.4　多超声波传感器连接示意图

图 9.6 中的多个超声波传感器模块可以通过 RS485 总线把各个方向的距离信息传送给下层嵌入式微控制器处理板。同时注意，多个超声波传感器在同时工作时，对每个发送端需要注意发送时间，因为若处理不好发送时间，则其他模块的接收端会误接收到回传的数据，从而对测量结果造成影响。

9.4　红外传感器

红外传感器常用于障碍物检测和距离的测量，即判断前方是否有障碍物并对前方障碍物的距离进行测量，由发送红外管电路和接收红外管电路两部分组成。其中，发送红外管电路发送红外光，接收红外管电路检测是否有红外光返回，当接收到返回的红外光时表示前方有障碍物，否则表示前方没有障碍物。针对红外测距有以下两种类型的传感器模块。

9.4.1　传统的红外障碍物检测模块

一般接收红外管电路的接收端直接返回的信号是一个模拟信号，用来反映与障碍物的距离信息，但若采用的接收头是个单红外接收管且发送红外光的是个普通的红外发送头，则红外光比较分散从而没有形成聚集的光线，因此返回的光线只是发射出去的一部分，通过反射光的强度来测量距离是很不准确的，此时只适合检测是否有障碍物。传统的红外障碍物检测模块如图 9.5 所示。

下层主板控制红外传感器发送红外光，若前方有障碍物，红外传感器接收端会产生一定的模拟电压，可通过微控制器的 ADC 接口直接读取此数据，然后根据数据的大小来确定前方是否有障碍物，也可以通过红外传感器接收端连接一个比较器，并与比较器的基准电压（调节滑动变阻器产生合适的基准电压）相比较，从而产生高低电平信号，并可根据高低电平信号确定是否有障碍物。这种红外传感器电路也常用于巡线检测及检测黑色白色线，从而实现机器人的巡线功能。由于红外传感器检测电路直接连接微控制器的 GPIO 或 ADC

接口，程序直接读取接口的数值即可，不需要用到时序控制，所以直接连接下层控制板的接口就行。

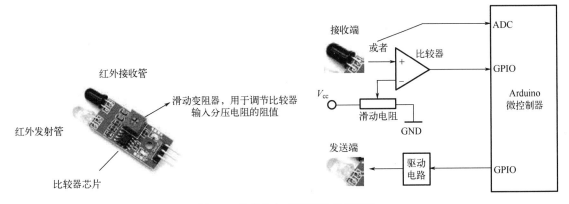

图 9.5　传统的红外障碍物检测模块

▶▶ 9.4.2　高级的红外测距模块

传统的红外传感器模块，由于发光分散（光弱），只能检测是否有障碍物而不能对障碍物的距离进行测量。夏普公司的 GP2Y 系列距离测量传感器，发射端采用一个红外发光二极管，并且添加了聚光透镜，从而可集中光束、增大光强，同时在接收端采用 PSD 位置传感器，可以测量出反光点的坐标信息，根据此坐标信息可以计算障碍物的距离。整个测量思路采用三角测量方式，如图 9.6 所示，距离可根据公式 $R = f \times (B / x)$ 计算。其中，f 表示焦距，R 表示 PSD 位置传感器最外侧反射光束所能测量的最近距离，B 为红外发射轴线和 PSD 接收轴线的距离。

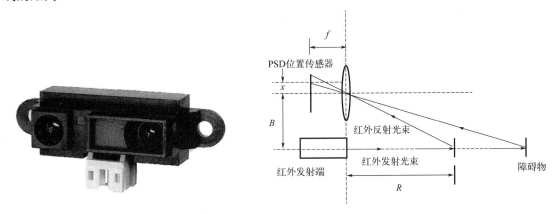

图 9.6　GP2Y 系列传感器红外测距示意图

GP2Y 系列传感器输出电压值对应探测的距离，通过测量电压就可以得出所探测物体的距离，所以此传感器可以用于距离测量、避障等场合。由于此传感器输出的是模拟电压值，程序直接读取接口的数值就行，不需要用到时序控制，因此直接连接下层控制板的接口即可。

9.5 碰撞传感器及电池电压测量传感器

智能嵌入式系统常需要检测外部碰撞信号或电池电压值。

9.5.1 碰撞传感器

碰撞传感器和按钮等信号输入都是开关传感器数据，这些传感器数据只需要读取输入端的高低电平，不需要用到时序控制，所以直接连接下层控制板的接口即可，如图9.7所示。

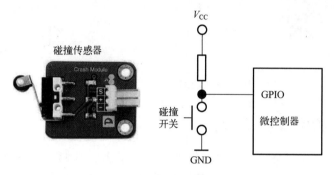

图 9.7 碰撞开关电路

其他类似的碰撞传感器只是机械结构有所不同，电路输入信号都是一样的。

9.5.2 电池电压测量传感器

电池电压的测量可直接通过一个分压电路，把电池电压降到微控制器的 ADC 接口测量的模拟电压范围内，例如，针对下层控制板是 0～5V 之间，通过检测两个串联电阻上产生的分压电压值，实现对电池整体电压的测量，如图9.8所示。

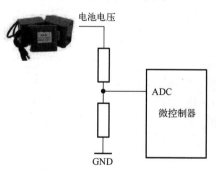

图 9.8 电池电压测量电路

当前常采用锂电池作为移动电源，锂电池是以电芯为基准的，每个电芯的标准电压是3.7～4.2V。当提供更高的电压和电流时，需要串联这些标准电芯以增加电压，例如，n 个电芯的总电压是 $n \times$（3.7～4.2）V；或者并联这些标准电芯以增加电流，例如，n 个 2000mAh 电芯的总电流容量是 $n \times$ 2000mAh。锂电池电芯主要有锂聚合物和磷酸铁动力组两类，如图9.9所示。其中，锂聚合物电池重量较轻，磷酸铁动力组锂电池能提供较大的放大电流。

锂电池电芯有两个重要的参数：电池容量和瞬间输出电流。其中，电池容量单位为 mAh，例如，2000mAh 表示此电池可以工作 2000 / x 小时的时间，x 表示当前电流的大小；瞬间输出电流的单位为 C，例如，5C 瞬间输出电流表示可以瞬间输出 5 乘以电池容量大小的瞬间输出电流，若电池容量为 2000mAh 则表示瞬间输出电流为 5 × 2000mAh = 10A。

锂聚合物电芯　　　　磷酸铁动力组电芯

图 9.9　电池电芯

针对由多个电芯组成的电池组，在电压检测过程中，可以检测电池组的整体电压来判断电池的电压情况，但由于电池组中多个电芯的特性不是完全一致的，即在相同的整体电压输出时，每个电芯的输出电压是不一致的，有的电芯还保持在 4.2V 左右，而有的电芯只有 3V，此时只有 3V 的电芯由于过放会被损坏，以后这个电芯的电压回充不了，从而造成整个电池组电压不正常。因此，有的电池电压测量传感器会在测量整个电池组电压的同时测量每个电芯的放电电压，当某个电芯的电压过低时会产生报警信号，从而对电池组起保护作用。

9.6　ROS 2 传感器数据处理

在 ROS 2 中，传感器数据通常以消息（Message）类型来描述和传输。不同的传感器数据对应不同的消息类型，这些消息类型通常由标准化的 ROS 2 消息库（如 sensor_msgs 包）定义。

1. 惯性测量单元（IMU）

消息类型：sensor_msgs / Imu。

描述：表示从 IMU 传感器获取的惯性数据，包括线性加速度、角速度和方向四元数。

主要字段：

header：包含时间戳和坐标系信息。

orientation：表示传感器的方向，使用四元数表示。

orientation_covariance：方向数据的协方差矩阵。

angular_velocity：传感器的角速度（rad/s）。

angular_velocity_covariance：角速度数据的协方差矩阵。

linear_acceleration：传感器的线性加速度（m/s²）。

linear_acceleration_covariance：线性加速度数据的协方差矩阵。

2. 声呐（Sonar）或超声波传感器（Ultrasonic Sensor）

消息类型：sensor_msgs/Range。

描述：表示声呐或超声波传感器的测量距离数据，通常用于测量传感器前方物体的距离。

主要字段：

header：包含时间戳和坐标系信息。

radiation_type：辐射类型（如 ULTRASOUND 或 INFRARED）。

field_of_view：传感器的视场角（弧度）。

min_range 和 max_range：测量距离的最小和最大有效范围。

range：实际测量的距离。

3. 红外测距传感器

消息类型：sensor_msgs/Range。

描述：适用于各种距离传感器，包括红外、声呐、激光等。描述传感器测量到的物体距离。

主要字段：

header：包含时间戳和坐标系信息。

radiation_type：辐射类型，红外测距通常可以设为 INFRARED。

field_of_view：传感器的视场角（弧度）。

min_range 和 max_range：传感器可测量的最小和最大距离。

range：实际测量的距离。

4. 磁力计（Magnetometer）

消息类型：sensor_msgs/MagneticField。

描述：表示磁力计传感器测得的磁场强度数据。

主要字段：

header：包含时间戳和坐标系信息。

magnetic_field：表示 X、Y、Z 三个方向的磁场强度（特斯拉）。

magnetic_field_covariance：磁场数据的协方差矩阵。

5. 电池电压传感器

消息类型：sensor_msgs/BatteryState。

描述：表示电池的状态信息，包括电压、电流、充电状态等。

主要字段：

header：包含时间戳和坐标系信息。

voltage：电池的当前电压（伏特）。

current：电池的当前电流（安培），如果没有测量可以设置为 0 或忽略。

charge：电池的当前电荷量（安培小时），可以忽略。

capacity：电池的额定容量（安培小时），可以忽略。

percentage：电池电量百分比，通常可从电压推算出来。

power_supply_status：电源状态（如充电中、放电中等）。

6. 碰撞传感器

消息类型：std_msgs/Bool 或 sensor_msgs/ContactSensorState。

描述：std_msgs/Bool 是一个简单的布尔值消息，表示开关的状态；sensor_msgs/ContactSensorState 是一个更复杂的类型，通常用于机器人皮肤、足部等多接触点的情况。

主要字段：

std_msgs/Bool 中，data 为布尔值，true 表示碰撞发生，false 表示无碰撞。

sensor_msgs/ContactSensorState 中，header 包含时间戳和坐标系信息；

states 是一个包含多个接触点的状态列表，每个状态包括接触的位置、力量等信息。

不同的传感器数据在 ROS 2 中都有对应的消息类型，这些类型定义了如何组织和传输这些数据。使用标准化的消息类型，ROS 2 可以实现不同传感器之间的互操作性和数据共享，方便机器人系统的集成和扩展。

9.7　习　　题

1. 简述姿态传感器的功能和特点。
2. 简述超声波传感器的功能和特点。
3. 简述红外传感器的功能和特点。
4. 简述 ROS 2 针对低层传感器的数据类型和特点。

第10章 机器人高层传感器系统

机器人高层传感器系统

10.1 机器人高层传感器系统概述

在高层机器人传感器系统中，激光传感器和摄像头等高级传感器通过 USB 接口或网络接口与微处理器连接，为机器人提供了丰富的环境信息，微处理器则对这些数据进行复杂的处理和决策，使机器人能够执行更复杂的任务，如自主导航、环境建模、目标识别和人机交互。这些组件共同构成机器人的高级感知与控制系统，极大地增强了机器人的智能化水平。

激光传感器利用激光束测量环境中物体之间的距离，生成高精度的二维或三维环境地图。激光传感器通常通过 USB 接口或以太网接口与微处理器连接。USB 接口常用于较短距离的数据传输，而以太网接口则适合需要较大带宽和更长传输距离的应用。激光传感器会产生大量的数据点（点云数据），这些数据通过接口传输到微处理器中进行实时处理，用于机器人导航、避障和 SLAM（同时定位与建图）等。

摄像头用于捕捉视觉图像，可以是二维图像或深度图像。摄像头通常通过 USB 接口或网络接口（如以太网或 Wi-Fi）与微处理器连接。USB 接口常见于低延迟的实时视频传输，而网络接口则适合远程监控和处理更高分辨率的图像。由于本书描述的机器人功能主要用于智能控制，需要及时地处理采集到的图像，因此采用 USB 接口。摄像头采集的图像数据通过接口传输到微处理器中进行处理，用于机器人视觉导航、物体识别和人机交互等。

10.2 激光传感器

激光在检测领域的应用十分广泛，技术含量高，对社会生产和生活的影响十分明显。激光测距是激光最早的应用之一，因为激光具有方向性强、亮度高、单色性好等许多优点。激光测距的原理是，在工作时向目标射出一束很细的激光，由光电元件接收目标反射的激光束，计时器测定激光束从发射到接收的时间，从而计算出从起始点到目标点的距离。激光传感器还可用于其他技术无法应用的场合。例如，当目标很近时，计算来自目标反射光的普通光电传感器也能完成大量的精密位置检测任务，但是，当目标距离较远或目标颜色变化时，普通光电传感器就难以应付了。但激光传感器对于玻璃透明物体的测量有一定的局限性，测量并不准确，而超声波传感器能够较好地解决此问题，这时就需要多种类型的测距传感器互相融合得出较为准确的距离信息。

激光传感器主要实现测距功能，可以用于工业、汽车和家庭等多个领域，如生产线上物体距离检测、AGV 激光导航防撞小车、无人驾驶汽车以及自主扫地机等。还可把测量到的距离信息用于地图创建、自动驾驶和自主导航等。

根据激光测距的基本原理，实现方法分两大类：飞行时间（Time of Flight，TOF）测距和非飞行时间测距。其中，飞行时间测距包括脉冲式和相位式；非飞行时间测距主要利用光学原理，如三角测距。

10.2.1　激光传感器原理

1. 三角测距法

三角测距法是光源、被测物体表面、光接收系统共同构成一个三角形光路，由激光器发出的光线经过汇聚透镜聚焦后入射到被测物体表面上，光接收系统接收来自入射点处的散射光，并将其成像在光电位置探测器敏感面上，通过光点在成像面上的位移来测量被测物体表面移动距离的一种测量方法。原理示意图如图 10.1 所示。

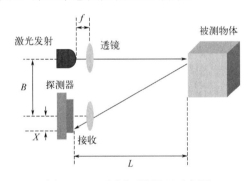

图 10.1　三角测距法原理示意图

距离计算公式为

$$L = f(B + X) / X \tag{10.1}$$

其中，L 为测量距离，f 为探测器与透镜中心的距离，X 为反射光斑与探测器中心的距离，B 为发射光与探测器中心的距离。

三角测距法具有结构简单、测试速度快、使用灵活方便等优点，但由于激光三角测距系统中，光接收器件接收的是被测物体表面的散射光，所以对器件灵敏度的要求很高。另外，激光亮度高、单色性好、方向性强，在近距离的测量中能较为容易测量出光斑的位置。因此，三角测距法主要用于微位移的测量，测量范围为微米、毫米、厘米数量级。目前已经研发出的具有相应功能的测距仪，广泛应用于物体表面轮廓、宽度、厚度等量值的测量，如汽车工业中车身模型曲面设计、激光切割、扫地机器人等。

2. 脉冲式 TOF

脉冲式激光测距（也称为脉冲式 TOF）发射出的激光经被测物体的反射后又被测距仪接收，测距仪同时记录激光往返的时间。光速和往返时间的乘积的一半，就是测距仪和被测物体之间的距离。原理示意图如图 10.2 所示。

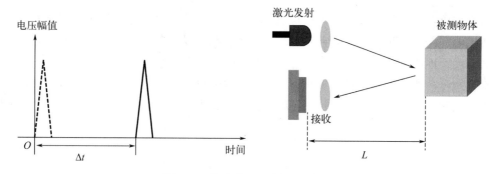

图 10.2　脉冲式 TOF 原理示意图

脉冲式是激光技术最早应用于测绘领域的一种测量方式。由于激光发散角小，激光脉冲持续时间极短，瞬时功率极大（可达兆瓦以上），因此可以达到极远的测程。一般情况下利用被测物体对光信号的漫反射来测距，测量距离可表示为

$$L = c\Delta t / 2 \tag{10.2}$$

其中，L 为测量距离，c 为光在空气中传播的速度，Δt 为光波信号在测距仪与被测物体之间往返的时间。

利用脉冲激光的特性可制成各种中远距离激光测距仪、激光雷达等。目前，脉冲式 TOF 广泛应用在地形地貌测量、地质勘探、工程施工测量、飞行器高度测量、人造地球卫星相关测距、天体之间距离测量等遥测技术方面。相比其他测距方法，脉冲式测距法简单，原理容易理解，通过一个高频率的时钟驱动计数器对收发脉冲之间的时间进行计数，只有计数时钟的周期必须远小于发送脉冲和接收脉冲之间的时间才能够保证足够的精度，这种测距方法适合远距离测量，想达到毫米级别的测量采用脉冲式测距所付出的硬件成本很高。

3. 相位式 TOF

相位式激光测距（也称为相位式 TOF）先用无线电波段的频率对激光束进行幅度调制并测定调制光往返测线一次所产生的相位延迟，再根据调制光的波长，换算此相位延迟所代表的距离，即用间接方法测定光经往返测线所需的时间。原理示意图如图 10.3 所示。

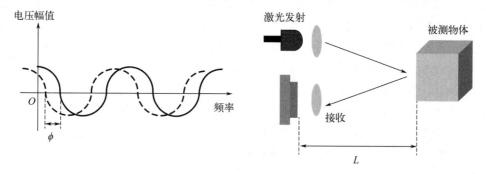

图 10.3　相位式 TOF 原理示意图

相位式 TOF 一般应用于精密测距。因其精度高（一般为毫米级），故为了有效反射信号，并使测定的目标限制在与仪器精度相称的某一特定点上，这种测距仪都配置了称为合作目标

的反射镜。相位式激光测距通常适合中短距离的测量，测量精度可达毫米、微米级，也是目前测距精度最高的一种方式，大部分短程测距仪都采用这种工作方式。相位式 TOF 用一调制信号对发射光波的光强进行调制，通过测量相位差来间接测量时间，较直接测量往返时间的处理难度降低了许多。测量距离可表示为

$$2L = \phi \cdot c \cdot T / 2\pi \tag{10.3}$$

其中，L 为测量距离，c 为光在空气中传播的速度，T 为调制信号的周期，ϕ 为发射与接收波形的相位差。在实际的单一频率测量应用中，只能分辨出不足 2π 的部分而无法得到超过一个周期的测距值。对于采用单一调制频率的测距仪，当选择调制信号的频率为 100kHz 时，所对应的测程为 1500m，即当测量的实际距离在 1500m 之内时，得到的结果就是正确的；而当测量距离大于 1500m 时，所测得的结果只会在 1500m 之内，此时就出现了错误。因此，在测量时需要根据最大测程来选择调制频率。当所设计的系统测量分辨率一定时，选择的频率越小，所得到的距离分辨率越高，测量精度也越高。在单一调制频率的情况下，大测程与高精度是不能同时满足的。

三种激光测距方式的特点如表 10.1 所示。脉冲式 TOF 的优点是测量范围广且光学系统尺寸紧凑，但是高速读取脉冲光的电路设计和配置较为复杂。相位式 TOF 在近距离测量中测量精度更高，同时由于无需时间测量的电路，电路设计比较简单，因此可用于整列传感器，然而相位式 TOF 不能分辨实际距离在一个还是多个测量周期内，故不适合长距离的测量。三角测距法的优势是短距离下测量精度高，但其缺点为电路的小型集成化比较困难，并且测量易受外界环境光的影响。

表 10.1　三种激光测距方式的特点

参数	三角测距法	脉冲式 TOF	相位式 TOF
测量范围	中	广	中
测量精度	高	中等	高
光学系统尺寸	大	小	小
读取电路	简单	复杂	复杂
环境光的适应程度	低	高	中

10.2.2　激光传感器种类

下面介绍人们生产生活中常见的智能激光传感器。

1. TOF 传感器芯片

相对于 3D 结构光技术，TOF 技术在一定距离内，光信息衰减小，TOF 感光元件的单位像素可达到 10μm，对光的采集有足够的保障，使用距离可达到 0.4～5m，因此适合手机的后置摄像头，可应用于深度感测，如 3D 扫描、3D 人脸识别、手势控制等。

下面介绍几个 TOF 传感器生产企业。

（1）意法半导体 ST

ST 在消费电子领域颇有建树，对 TOF 技术非常关注，早在几年前就推出了相关产品

VL6180 和 VL53L0X。其中，VL6180 是第一代产品，采用 850nm 波长的激光，最大测距大于 40cm；VL53L0X 是第二代产品，采用单光子雪崩光电二极管（SPAD），系统具有高度校准的特性，采用 940nm 波长的激光，最大测距也提升到了 2m。

（2）英飞凌

英飞凌（Infineon）也推出了一系列 TOF 传感器，其中 60GHz 调频连续波雷达（BGT60TR13C）封装带有天线，可实现超宽带调频连续波操作，从而将无接触人机交互提升至全新的水平，应用于移动设备及穿戴设备的手势识别。

（3）德州仪器 TI

2013 年 TI 发布了 3D ToF 手势技术（但仅用于控制领域），2017 年发布了 TOF 传感器 OPT8241，属于 3D TOF 图像传感器系列。它将 TOF 感应功能与经优化设计的模数转换器（ADC）和通用可编程定时发生器（TG）相结合，以高达 150 帧/秒的帧速率（600 读出/秒）提供四分之一的视频图形阵列（QVGA，320×240 像素）分辨率数据。

（4）艾迈斯半导体 Ams

Ams 的 1D TOF 传感器 TMF8701 集成了 VCSEL 红外发射器、多个 SPAD 光探测器、时间-数字转换器和直方图处理内核，可以独立识别显示屏上的指纹污染及盖玻片范围以外物体（如用户脸部）的光反射，即使在传感器孔径脏污时，也能保持可靠性能。

（5）迈来芯 Melexis

2017 年迈来芯推出了 MLX75023 1/3 英寸光学格式 TOF 传感器，具有 63dB 线性动态范围和日光鲁棒性。MLX75123 配套芯片将传感器 IC 直接连接到主机 MCU，可以从传感器快速读取数据。近期，Melexis 推出业界首款面向汽车内部和外部监控等应用的单芯片汽车级 VGA TOF 图像传感器 MLX75027，这是片上系统解决方案，在单一 BGA 封装中提供 VGA（640×480 像素）分辨率的图像传输及处理功能。

以 ST 公司出产的 VL53L1X（如图 10.4 所示）为实例说明 TOF 传感器采集过程，其精确范围可达 4m，快速测距频率可达 50Hz。它采用微型可回流封装，集成了 SPAD 接收阵列、940nm 不可见 1 类激光发射器、物理红外滤波器和光学元件，可在各种环境照明条件下实现最佳测距性能，采用 ST 最新一代 TOF 技术，无论目标颜色和反射率如何，都可以对其进行绝对距离测量。

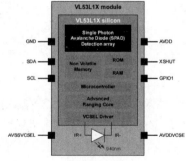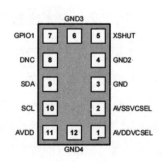

图 10.4　VL53L1X

2. 单线激光传感器

单线激光传感器是指激光源发出的线束为单线的传感器，可以帮助机器人规避障碍物，其扫描速度快、分辨率强、可靠性高。相比多线激光传感器，单线激光传感器在角频率及灵敏度上的反应更快捷，所以在测试周围障碍物的距离和精度上都更加精准。但单线激光传感器只能平面式扫描，不能测量物体高度，当前主要应用于扫地机器人、送餐机器人及酒店机器人等服务机器人。

图 10.5　单线激光传感器

3. 多线激光传感器

多线激光传感器是指同时发射及接收多束激光的激光旋转测距传感器，目前主要有三种类型，分别是多线机械式激光传感器、混合固态激光传感器和全固态激光传感器。

（1）多线机械式激光传感器

多线机械式激光传感器，目前市场上有 16 线、32 线、64 线和 128 线之分，可以识别物体的高度信息并获取周围环境的 3D 扫描图，如图 10.6 所示。

图 10.6　多线机械式激光传感器

多线机械式激光传感器的原理是，多个激光头按照一定顺序发射多个激光线束，接收器接收到反射回来的多个激光束，从而计算出多个点的距离，形成三维点云。例如，16 线的发射出 16 个激光束，32 线的发射出 32 个激光束，以此类推；发射出去的激光束有一定距离范围和上下角度范围，从而确定出激光测量范围，激光束的多少决定测量的点云密度。多线机械式激光传感器要实现多少线束，就需要有对应数量的发射模块与接收模块。

目前这类激光传感器主要采用以太网络接口与上位机通信，如美国 Velodyne 的三维多线激光传感器，国产的镭神智能、速腾和禾赛等公司的三维多线激光传感器。

（2）混合固态激光传感器

混合固态激光传感器（如图 10.7 所示）的原理是，仅需要一束激光，通过一面 MEMS（微电子机械系统）微振镜来反射激光器的光束。两者采用微秒级的频率协同工作，通过探测器接收光束后达到对目标物体进行 3D 扫描的目的。与多组发射/接收芯片组的机械式激光传感器结构相比，MEMS 激光雷达对激光器和探测器的数量需求明显减少。

图 10.7　混合固态激光传感器

从成本角度分析，N 线机械式激光传感器需要 N 个 IC 芯片组，成本较高；而 MEMS 理论上可以做到其 1/16 的成本。并且在分辨率上，MEMS 微振镜可以精确控制偏转角度，而不像机械式激光传感器那样只能调整马达转速。

MEMS 的缺点是信噪比低、有效距离短及 FOV（视场角）太窄。因为 MEMS 只用一组激光发射和接收装置，那么信号光功率必定远低于机械式激光传感器。同时，MEMS 激光雷达接收端的收光孔径非常小，远小于机械式激光传感器，而光接收峰值功率与接收器孔径面积成正比，导致功率进一步下降。

混合固态激光传感器主要采用以太网络接口与上位机通信，国内华为、镭神智能和大疆 Livox 等公司都有基于 MEMS 转镜半固态方案的车规级激光雷达产品。

（3）全固态激光传感器

严格意义上的全固态激光传感器是一次闪光（激光脉冲）成像的激光传感器，也称全局快门激光雷达。广义的全固态激光传感器是焦平面阵列成像激光雷达，不一定非要全局快门，也可以为局部快门。

与扫描成像激光传感器相比，全固态激光传感器没有任何运动部件，是绝对的固态激光传感器，能够达到最高等级的车规要求。扫描成像要扫描整个工作场才能提供图像（点云），通常帧率是 5～10Hz，这就意味着至少有 100ms 的延迟，在高速场景下，这个延迟是难以接受的。但是理论上全固态激光传感器的脉冲只有几十纳秒到 1 纳秒，即帧率可以做到几十千赫兹，甚至 1MHz。

全固态激光传感器的优点：最容易通过严格车规，体积最小，安装位置最灵活，全芯片化，成本最低，性能挖掘潜力最大。全固态激光传感器的缺点：功率密度太低，导致其有效距离一般难以超过 50 米，分辨率也比较低，用大功率垂直腔面发射激光器（VCSEL）芯片和 SPAD 探测器芯片能够解决部分问题，但成本也迅速增加。因此，在全固态激光传感器开发过程中，VCSEL 芯片和 SPAD 探测器芯片的开发技术十分关键。

为了解决信噪比、有效距离近的缺点，对 VCSEL 激光发射阵列进行改进，采用半导体芯片工艺制造，每个小单元的电流导通都可以控制，让发光单元按一定模式导通点亮，可以取得扫描器的效果，还可以精确控制扫描形状。例如，车速快了，就缩小 FOV，提高扫描精度；车速慢了，就增加 FOV，加大检测范围。

Ouster ES2 是一款全固态激光传感器，使用一块 VCSEL 芯片和一块 SPAD 探测器芯片，在分辨率、探测距离和可靠性上都实现了大幅提升，在接口方面也采用以太网络接口与上位机通信。

10.2.3　激光传感器匹配定位方法

1. 卡尔曼滤波定位方法

假设目前有多个传感器，它们在测量同一个信号。因为存在误差等因素，它们对这个信号的测量结果不太一致。

想知道哪些传感器更加精密准确，哪些传感器的测量效果比较差，通常会采用加权平均的方法来合成所有的测量数据，并以此作为最终的测量结果。一般用高斯分布度量一个传感器的精确程度。

假设对当前的信号，有关于它的一个数学模型：对当前的结果 $f(x)$，通过这个数学模型可以估计出下一时刻的结果 $f(x + 1)$。在正常情况下我们并不能得到完美的数学模型。此时可以把数学模型算出来的结果和传感器测出来的结果进行加权平均，以此作为最后的"最佳估计结果"。

卡尔曼滤波是一种适合线性系统的递推算法。考虑这样一个问题：一辆小车沿着 x 轴做匀速直线运动，用 $x(t)$ 表示小车在 t 时刻的坐标，则有

$$x(t) = x(t-1) + v(t-1) \cdot \Delta t \qquad (10.4)$$

由于存在一些不确定的外界因素，如刮风下雨、小车自身不稳定等，$x(t)$ 并不能精确地反映小车的位置。假设不确定因素都服从高斯分布，那么，仅对当前时刻小车位置进行估计时，其概率分布如图 10.8 所示。

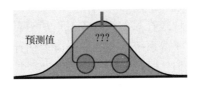

图 10.8　小车位置的概率分布

仅依靠这个数学模型迭代下去，不确定性越来越大。为了避免纯粹估计带来的误差，在坐标原点加入一个传感器，它能够测出它与小车的距离，只是这个过程仍然受不确定因素影响。假设传感器误差也服从正态分布，如图 10.9 所示。

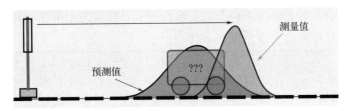

图 10.9　外部传感器的误差

卡尔曼滤波恰恰能够将这两个高斯分布融合成一个高斯分布，卡尔曼滤波器进行状态估计时，决定到底相信哪一个高斯分布多一点，这样就能够得到当前时刻小车位于哪个位置的概率最大。在下一轮迭代中，以这个高斯分布作为初值，继续计算下去。

ROS 中提供 robot_pose_ekf 包，通过扩展卡尔曼滤波器对 imu 和里程计 odom 的数据进

行融合，来估计平面移动机器人的真实位置姿态，输出 odom_combined 消息。使用 robot_pose_ekf 滤波时传感器的协方差矩阵信息不能为空，否则可能会出现错误，因此要设置合理的值。

其中的 imu 协方差矩阵可设置如下：

self.imu_data.orientation_covariance = [1e6，0，0；0，1e6，0；0，0，1e–6]

self.imu_data.angular_velocity_covariance = [1e6，0，0；0，1e6，0；0，0，1e–6]

odom 协方差矩阵可设置如下：

ODOM_POSE_COVARIANCE = [1e–3，0，0，0，0，0；0，1e–3，0，0，0，0；0，0，1e6，0，0，0；0，0，0，1e6，0，0；0，0，0，0，1e6，0；0，0，0，0，0，1e3]

ODOM_TWIST_COVARIANCE = [1e–3，0，0，0，0，0；0，1e–3，0，0，0，0；0，0，1e6，0，0，0；0，0，0，1e6，0，0；0，0，0，0，1e6，0；0，0，0，0，0，1e3]

可以看出，imu 协方差矩阵中代表机器人航向角的分量方差为 1e–6，而里程计 odom 信息的协方差矩阵中机器人姿态分量的协方差为 1e3，因此 imu 数据的可信度更好，主要原因是机器人在转动过程中轮子发生了打滑，用编码器推算出的姿态一直在旋转，而实际姿态（主要由 IMU 测量得到）却没发生太大变化。因此，协方差矩阵中的参数设置非常重要，要根据传感器手册或者实际使用测量来确定。在使用 robot_localization 中的状态估计节点开始之前，用户必须确保其传感器数据格式正确，这非常重要。

2. 粒子滤波定位方法

机器人地图创建常用的 Gmapping 以及 fastSLAM 都用到了粒子滤波定位方法。粒子滤波用粒子集表示概率。主要思想是通过在后验概率中抽取所有粒子的状态来表达其状态的分布，以样本均值来代替积分计算，并获得系统状态的最小方差估计。它可以运用在任何系统中，尽管它只是真实概率分布的一种近似，但粒子滤波没有线性和基于高斯分布假设的约束。粒子滤波广泛运用在多个领域，包括经济、军事、交通，以及机器人的全局即时定位与地图创建。

粒子滤波的主要步骤包括采样、更新粒子权重和归一化以及重采样。

（1）采样

以高斯分布产生一定数量的粒子，这些粒子就是所说的样本，这些粒子的分布情况是真实概率分布的近似表示。为每个粒子添加一个权重属性 weight[i]。初始时所有粒子的权重都是一致的，在迭代中不断更新每个粒子的权重，表示系统应该相信哪些粒子更多。

（2）用测量信息更新粒子权重并归一化

再次讨论卡尔曼滤波中的小车例子。假设当前一个粒子在 x 轴上的坐标为 d，传感器测出小车与原点的距离为 μ。由于传感器是有误差的，因此小车的真实位置与测量位置会存在一定差异，但是小车的理论距离的概率模型应当满足以 μ 为均值的高斯分布。显然，如果一个的粒子的 d 与 μ 很接近，那么这个粒子的状态应该与实际的小车状态更吻合，即这个粒子应被系统更多地相信。在接下来的迭代中，应该让它扮演更重要的角色。而如果一个粒子的 d 与 μ 差距很大，那么根据高斯分布，小车只有一个相当小的概率处于这个粒子所表示的状态上。系统如何表现这个很小的概率呢？就是通过修改这个粒子的权重。对于这个问题，粒子的权重更新方程为

$$weight[i] = weight[i] \frac{1}{\sqrt{2\pi}\sigma} \exp\left(-\frac{(d-\mu)^2}{2\sigma^2}\right) \tag{10.5}$$

即理论距离与实际测量越小，权重越大。

最后还要对权重进行归一化：

$$sum = weight[0] + weight[1] + \cdots + weight[particles\_num-1]$$

$$weight[i] = weight[i] / sum$$

（3）重采样

一开始并不知道目标到底在哪里，于是就按照高斯分布随机撒了一些粒子。撒完粒子后，根据传感器的测量数据计算每个粒子的权重，即这个粒子的重要性。通过这一过程，显然能够进一步确定目标更有可能出现在哪个范围内。如果什么都不做，继续经过几次迭代后，大部分粒子可能只具有一个微小的权值，称之为退化。退化意味着，系统将耗费大部分计算能力来更新那些对估计几乎不产生影响的粒子。

重采样是一个解决上面问题的方法。它的主要手段是，每次迭代后，增加权重较大的粒子数，减少权重小的粒子数。这其实是对后验密度分布的近似表示进行了一次采样，重新生成一个新的粒子集，该粒子集是这个后验密度分布的一个经验离散分布。在粒子数不变的情况中，丢弃权重很小的粒子，复制权重大的粒子多份，从而实现重采样。

一个重采样的简单实现如下。

```
vector<pose> new_particles (1000);
for ( int i = 0 ; i < particles_num; i++ )
{
//产生 0-1 均匀分布随机数的函数
double rand = random ();
int j = 0;
//找到第一个大于 rand 的数
while (cum_weight[j] < rand)    j++;
new_particles[i] = particles[j];
}
```

程序产生的是 0-1 均匀分布的随机数。假设这个随机数为 rand，需要求出这个 rand 落在哪个粒子的区间内。使用上面的 while 循环，可以找出 rand 落在第 j 个粒子的区间内。这样，权重大的区间（粒子）被选中的概率就大，因此权重大的粒子就会复制多个副本覆盖权重小的粒子。

最后，认为目标位置就是权重最大的那个粒子所在的位置。

粒子滤波虽然在机器人的全局即时定位与地图创建问题中发挥着重要作用，但是仍旧存在一些问题，主要问题是到底需要用多少粒子才能较好地近似系统的真实概率分布。环境越复杂，机器人要描述的属性越多，系统所需的粒子就越多，算法时间复杂度和空间复杂度就越高。因此，如何在保持较好近似效果的条件下显著减少粒子的数目是需要解决的问题。另外，在算法的重采样阶段，算法会淘汰一些权重较小的粒子，权重小的粒子被权重大的粒子覆盖，这是一个容易理解的举措，但会丢失样本的多样性，从概率论的角度来看，这种做法是不妥的。

3. 迭代、梯度下降定位方法

机器人的定位可以采用迭代、梯度下降最优化的思路实现，计算与前一帧的相对位姿关系，从而确定出当前的位姿，主要算法有 ICP、NDT、Hector 和 Cartographer。

（1）ICP（Iterative Closest Points）算法

迭代最近点（ICP）算法就是求解两个点云之间的变换关系，求出这两个点云之间的变换 R（旋转变换）和 T（平移变换），将求解这个问题描述成最小化均方误差：

$$e(X,Y) = \sum_{i=1}^{m} (Rx_i + T - y_i)^2 \tag{10.6}$$

① 初始化 R 和 T。

确定初始的 R 和 T 值很关键，如果初始值选得不好就容易收敛到一个局部最优解，ICP 有很多方法估计初始的 R 和 T，例如，使用 PCL 库的 SampleConsensusInitalAlignment 函数及 TransformationEstimationSVD 函数都可以得到较好的初始估计。

② 迭代。

得到初始的估计后，对于 X 中的每个点用当前的 R 和 T 在 Y 中找最近的点（如用欧式距离），以每对的坐标列一个方程，就得到一系列方程。然后求解最优的 R 和 T 最小化上面的误差，如此循环。

（2）NDT（Normal Distribution Transform）算法

正态分布变换（NDT）算法是一种用于点云配准的算法，没有使用传统的特征点匹配方法来匹配，而是将单次扫描的 2D 离散点云变换为定义在 2D 平面上的分段连续且可微的概率密度，概率密度由一组容易计算的正态分布构成，第二次扫描与 NDT 的匹配就定义为最大化其扫描点配准后在此密度上的得分，然后通过牛顿法优化计算最佳的点云变换参数，即当前的姿态变换 p，该算法的优点是不需要建立点或特征之间的明确对应关系，而对应关系确立过程往往存在错误与关联，因而更加鲁棒。

（3）Hector 算法

Hector 算法为了使函数模型和观测量尽可能相似，扫描匹配使用牛顿高斯法来求解构成的非线性最小化问题，然后得出优化的位姿。牛顿高斯法是解决非线性最优问题的常见算法之一，牛顿高斯法的优点在于收敛快，对一个很好的给定初值进行增量，能够很快得到收敛，相比牛顿高斯法计算增量也更加简单，但牛顿高斯法也有不稳定的缺点。

（4）Cartographer 算法

Cartographer 算法是 Google 开发的实时室内 SLAM 项目，采用基于 Google 开发的 Ceres 非线性优化方法和基于子图（submap）构建全局地图的思想，能有效避免建图过程中环境里移动物体的干扰，同时也支持多传感器数据建图以及 2D 和 3D 地图创建。

Cartographer 算法的核心思想是图优化算法，先通过控制模型（运动模型和里程计）和观察模型（观测模型）组成位姿之间的约束，再利用最小二乘法最小化这些约束，进而求解出纠正的位姿。图优化中需要考虑两个问题。一个是基于传感器数据确认约束关系，称为数据关联，通常 SLAM 系统中的前端（front-end）负责直接处理此数据关联问题。另一个是基于获取的约束关系校正机器人的位姿从而得到一致的环境地图，一般在

SLAM 里进行，称为优化器，其目标是寻找一个节点间的配置关系使得节点间约束的测量概率最大。

4. 概率栅格定位方法

概率栅格定位（Correlative Scan Match，CSM）是一种用于帧间匹配的算法。其基本原理是将空间划分为栅格，利用激光点的分布为每个栅格赋予占据概率值。该方法通过计算当前帧与局部地图的栅格占据值来进行匹配。

具体来说，CSM 在当前帧上定义一个搜索窗口（search window），即位姿变化的范围，然后将该范围划分为多个候选位姿。对于每个候选位姿，首先对当前帧进行相应的位姿变换，然后与局部地图进行匹配，计算两者之间的匹配程度。匹配程度的衡量指标基于栅格占据概率值之间的差异，通常使用方差来评估匹配质量——方差越大，表示匹配程度越差。最终，算法会选出匹配度最高的位姿作为当前帧的最优位姿估计。这一方法通过局部栅格的占据信息进行帧间位置的精确匹配，广泛应用于机器人定位与导航等领域。

▶▶ 10.2.4　机器人结合激光应用

1. 基于单线激光机器人创图及定位方法

单线激光目前常用于同时定位与地图创建（SLAM）研究，其主要思想是扫描匹配和更新地图。扫描匹配就是根据前面创建好的地图信息进行自定位，地图更新就是根据定位结果对地图进行更新。一般来说，地图表示主要有两种方法。一种是栅格法，也是 SLAM 中最广泛使用的一种地图表示方法，其中 Cartographer、Hector 和 GMapping 的地图表示都是栅格表示。它将地图栅格化，用每个栅格点的不同状态来呈现地图中不同的环境特征。虽然这种表示方法易于管理和表示，但是对环境较大的情况，栅格地图的维持会变得比较困难。另一种是拓扑地图表示，能够实现有效的人机交互，有助于机器人进行有效复杂的路径规划，但是很难从观测信息中获得而且对视觉比较敏感。

目前主要方法有 GMapping SLAM、Hector SLAM、Cartographer SLAM、Karto SLAM、Lago SLAM 和 Core SLAM 等。

（1）GMapping SLAM

GMapping 是一种基于粒子滤波的激光 SLAM 算法，用许多加权粒子表示路径的后验概率，每个粒子都给出一个重要性因子。但是，它通常需要大量粒子才能获得比较好的结果，增加了该算法的的计算复杂度，因此不适合构建大场景地图。并且它没有回环检测，因此在回环闭合时可能会造成地图错位，虽然增加粒子数目可以使地图闭合，但是以增加计算量和内存为代价。

（2）Hector SLAM

Hector SLAM 对传感器的要求比较高，它主要利用牛顿高斯法来解决扫描匹配的问题。这种方法无需使用里程计，所以在不平坦区域实现建图的空中无人机及地面小车具有应用的可行性。具体方法是利用已经获得的地图对激光束点阵进行优化，估计激光点在地图中的表示和占据网格的概率，从而获得激光点集映射到已有地图的机器人位姿变换，同时为避免局部最小而非全局最优出现，地图使用多种分辨率。因此需具备更新频率高且测量噪声小的激光扫描仪。在制图过程中，机器人的速度要控制在较低的水平下才会有比较理想的建图效果，这是因为它没有回环处理。

（3）Cartographer SLAM

Cartographer 是 Google 的实时室内建图项目，传感器安装在背包上面，可以生成分辨率为 5cm 的 2D 栅格地图。获得的每帧激光扫描数据，利用扫描匹配在最佳估计位置插入子图，且扫描匹配只与当前子图有关。在生成一个子图后，会进行一次局部的回环，当所有子图完成后，会进行全局的回环。

（4）Karto SLAM

Karto SLAM 是基于图优化的方法，利用高度优化和非迭代 cholesky 矩阵进行稀疏系统解耦作为解。图优化方法利用图的均值表示地图，每个节点表示机器人轨迹的一个位置点和传感器测量数据集，每个新节点加入，地图就会依据空间中的节点箭头的约束进行计算更新。

（5）Lago SLAM

Lago SLAM 是线性近似图优化方法，不需要初始假设。优化器的方法有三种：TORO（Tree-based network Optimizer）、G2O(General Graph Optimization)和 LAGO。

（6）Core SLAM

Core SLAM 的主要思想是基于粒子滤波器（particle filter）将激光数据整合到定位子系统中。

（7）SLAM Toolbox

SLAM Toolbox 是一种用于机器人导航的开源工具包，专注于 2D SLAM。它在 ROS 生态系统中广泛应用，特别适合移动机器人在室内或结构化环境中的自主导航任务。SLAM Toolbox 提供了一系列功能——从实时地图构建到长期操作下的图优化，是机器人自主导航中的关键组件。

SLAM Toolbox 采用同步与异步 SLAM，机器人在移动过程中同时进行地图构建和定位，适合对实时性要求高的应用场景。同时地图构建与定位可以在不同时间里进行，比如，先构建地图，再在同一地图上定位。

SLAM Toolbox 采用多种优化技术，例如，使用图优化技术减少累积误差，确保地图的全局一致性。它可以处理长时间运行中出现的漂移问题。当机器人重新访问以前的区域时，SLAM Toolbox 能够检测到这一情况，并通过回环检测技术校正地图中的错误。

SLAM Toolbox 支持多机器人同时进行地图构建与共享。这对需要多机器人协同工作的场景非常重要，如在大规模环境中的探索和导航。

SLAM Toolbox 实现地图拼接与处理，支持将多个小范围的局部地图拼接成一幅大地图。这对机器人逐步扩展探索范围非常有帮助。还提供地图处理工具，如地图裁剪、合并和优化等，以生成更高质量的地图。

2. 基于多线激光机器人创图及定位方法

（1）ICP 方法

ICP 是一种基于最小化点云间点对点距离的迭代优化算法。先在每次迭代中找到源点云与目标点云之间的最近点对，再计算最优变换矩阵来实现点云配准。ICP 创建地图和定位主要包括如下两个步骤。

① ICP 配准。

特征提取：从点云中提取特征点（如边缘点或角点）。特征点用于建立点对点的匹配。

最近点匹配：计算最近点对，使用 KD 树等数据结构加速最近点查找。

变换估计：计算变换矩阵，通过最小化源点云与目标点云的最近点对之间的距离来估计变换矩阵。

应用变换：将计算得到的变换矩阵应用于源点云数据，使其对齐到目标点云坐标系中。

迭代优化：反复执行点对点匹配和变换估计，直至配准误差收敛或达到最大迭代次数。

② 定位和地图创建。

实时定位：对于每帧激光数据，通过与历史帧数据进行 ICP 配准，实时更新传感器的位姿。

局部地图构建：每帧点云数据通过 ICP 配准生成局部地图。局部地图可以用于实时导航和障碍物检测。

全局地图整合：将所有局部地图整合成全局地图。使用全局优化算法（如图优化）对全局地图进行优化，减小累计误差，提高地图一致性。

（2）NDT 方法

NDT 是一种基于点云的正态分布模型进行配准的方法。它将点云分割成小网格，为每个网格内的点云计算正态分布模型，然后通过最大化点云与这些模型之间的匹配度来优化变换矩阵。NDT 创建地图和定位主要包括如下两个步骤。

① NDT 配准。

点云分割和模型建构：将点云数据分割成小网格或体素，在每个网格内计算正态分布模型（均值和协方差矩阵）。

匹配和变换估计：将源点云数据利用当前估计的变换矩阵变换到目标点云坐标系下，将变换后的点云与目标点云的正态分布模型进行匹配，计算匹配度。

优化变换：通过最大化点云与正态分布模型之间的匹配度来优化变换矩阵，反复执行网格建模、匹配和优化步骤，直至算法收敛或达到最大迭代次数。

② 定位和地图创建。

实时定位：对于每帧激光数据，通过与历史帧数据进行 NDT 配准，实时更新传感器的位姿。

局部地图构建：每帧点云数据通过 NDT 配准生成局部地图。局部地图用于实时导航和障碍物检测。

全局地图整合：将所有局部地图整合成全局地图。使用全局优化算法对全局地图进行优化，减小累计误差，提高地图一致性。

ICP 和 NDT 方法都是基于匹配的方法实现的，都是将点云与地图匹配的问题转化为数学优化问题。对比这两种方法：

ICP 在点云稠密且噪声较少的情况下表现良好，但对初始状态依赖较大，易受到局部最优解的影响。计算量较大，尤其是在点云稠密和环境复杂时，计算效率可能会降低。适用于高分辨率、噪声较少的点云数据，如室内环境和较小的区域。

NDT 对点云噪声和稠密点云的鲁棒性较强，能够处理高噪声和稠密点云数据，尤其适合大规模和复杂环境。通过网格建模和概率模型来加速计算，在大规模环境中可能比 ICP 更高效。适用于复杂环境、噪声较大的点云数据，如城市建模和自动驾驶中的大规模环境。

（3）LOAM 和 LeGO-LOAM 方法

LOAM（LiDAR Odometry and Mapping）是一种高精度的激光雷达（LiDAR）SLAM 算法，将里程计和建图任务分开处理，实现了高效且准确的三维环境建图和定位。LOAM 的核心思想是将处理过程分为两个主要任务：实时的激光里程计估计和全局的地图优化。LOAM 创建地图和定位的主要步骤如下。

① 特征点提取。

LOAM 使用激光雷达的点云数据提取特征点，主要包括以下步骤。

点云分割：将点云数据分为边缘点（Edge Points）和平面点（Planar Points）。边缘点位于物体的边缘或角落，特征明显，通常具有较大的曲率变化。平面点位于较平坦的区域，特征较为平滑，曲率变化较小。

LOAM 使用激光雷达的扫描数据提取这些特征点，采用曲率计算方法来区分边缘点和平面点。

② 里程计估计。

在里程计线程中，LOAM 使用提取的特征点进行逐帧局部匹配。具体做法是将当前帧的特征点与前一帧的特征点进行配准，以估计相对运动（位姿变化）。其中包括：

点到线匹配：对于边缘点，采用点到线的匹配方法计算相对位姿。

点到面匹配：对于平面点，采用点到面的匹配方法进一步优化位姿估计。

点云配准：匹配特征点（边缘点和面点），计算当前帧相对于上一帧的位姿变换，通常使用最小二乘法优化。

③ 建图（Mapping）。

在建图线程中，LOAM 使用从里程计线程中获得的位姿信息对全局地图进行优化。建图线程的任务如下。

局部地图构建：将新的激光帧与局部地图进行配准，更新局部地图。

全局优化：使用全局地图中的点云数据对位姿进行全局优化，减小累积误差，确保全局地图的一致性。优化过程通常涉及滑动窗口优化技术。

点云拼接：将新的点云数据拼接到全局地图中，更新全局地图的结构，并进行必要的优化。

LOAM 算法将激光雷达的里程计和建图任务分开处理，结合特征点提取、点云匹配和全局优化，实现了高精度和实时性的三维定位与建图。在实时性和精度之间取得良好的平衡。里程计线程负责实时运动估计，而建图线程则进行全局地图的优化和一致性调整。为了提高处理效率，LOAM 通常使用滑动窗口优化技术，仅对最近一段时间内的激光帧进行全局优化。这种方法可以有效减少计算量，同时保持较高的地图精度。这些使 LOAM 在复杂环境中具有较强的鲁棒性和适应性。

LeGO-LOAM 是对 LOAM 算法的优化和扩展，旨在实现轻量化和更高效的地面优化。它特别适合资源受限的系统，如嵌入式设备，并专注于地面或平坦环境中的应用。LeGO-LOAM 通过优化特征提取过程，减少了计算开销。例如，在提取边缘点和平面点时，该算法进行了简化，以提高处理速度。同时，该算法对点云数据的处理过程也进行了优化，减小了计算复杂度，从而能够在资源有限的平台上高效运行。LeGO-LOAM 在处理激光雷达点云时，通常会进行下采样，以减少数据量。这种方法降低了计算需求，并且在大多数地面应用中，有足够的精度仍然可以得到保留。LeGO-LOAM 在处理过程中引入了并行计算和优化技术，使计算过程更加高效。这些优化确保算法能够在实时应用中运行。通过优化算法的各个部分，LeGO-LOAM 提高了系统的实时处理能力，满足了地面车辆在复杂环境中的实时导航需求。LeGO-LOAM 设计时考虑了对计算资源的优化，确保在有限的内存和计算能力下，仍能提供稳定的性能。

（4）LiLO-SAM 方法

LiLO-SAM 的目标是在 LOAM 的基础上，通过结合 IMU 数据和图优化技术，增强系统的鲁棒性、实时性和精度，特别是在动态和复杂环境中的表现。LiLO-SAM 引入 IMU 数据来改进里程计估计的初始猜测，并使用图优化框架对全局地图进行优化。

① LiLO-SAM 的三个主要模块。

IMU 预积分（IMU Pre-integration）：处理 IMU 数据，利用 IMU 的数据对两帧之间的初始位姿进行预测。IMU 可以提供高频的姿态变化信息，从而补偿激光雷达帧率较低时的位姿估计误差。

前端里程计（Odometry Frontend）：这部分类似于 LOAM 的前端，负责实时处理激光雷达点云，提取特征点（如边缘点、平面点），并估计相邻帧之间的相对位姿。但 LiLO-SAM 利用 IMU 的初始猜测进一步提高了位姿估计的精度和鲁棒性。

后端图优化（Backend Graph Optimization）：构建因子图，将 IMU 的预积分结果、激光雷达的相对位姿估计以及回环检测的信息融合在一起。因子图优化可以在全局范围内调整位姿，减小累积误差，得到全局一致的地图。

② 主要技术内容。

IMU 与激光雷达的紧耦合（Tightly Coupled Integration）：LiLO-SAM 紧密结合了 IMU 和激光雷达数据，使 IMU 的高频数据能够帮助激光雷达在低频率下保持高精度的姿态估计。IMU 提供了连续的姿态信息，特别是在快速运动或激光雷达视线被遮挡时，IMU 的辅助作用尤为重要。

因子图（Factor Graph）优化：LiLO-SAM 使用因子图来建模 SLAM。因子图中，节点表示机器人的位姿，边表示相邻节点之间的相对约束（由激光雷达或 IMU 提供）。通过非线性优化技术（如 G2O 或 Ceres Solver），系统可以优化全局位姿，显著减小累积误差。

回环检测：LiLO-SAM 还引入了回环检测机制。当机器人返回到先前经过的区域时，回环检测能够识别这一点，并在因子图中添加新的约束。这一过程能够有效地减少长期运行中的漂移问题，进一步提高地图的精度和一致性。

③ 与 LOAM 的对比。

融合 IMU 数据：与 LOAM 相比，LiLO-SAM 的最大改进是融合了 IMU 数据。IMU 的预积分可以为激光雷达的位姿估计提供更好的初始值，增强了系统的抗噪声能力和动态场景下的稳定性。

图优化框架：LiLO-SAM 采用因子图优化的后端来取代 LOAM 中更传统的后端优化方法。这种图优化方法在全局一致性和多传感器数据融合方面的表现更优。

实时性与精度：由于 IMU 数据的引入，LiLO-SAM 在提供实时性的同时，也提升了位姿估计的精度。在复杂环境下，LiLO-SAM 能够更加稳定地构建高精度的地图。

LiLO-SAM 适合需要高精度定位和建图的动态场景，如自动驾驶、机器人导航、无人机飞行等。特别是在高速运动、遮挡频繁或传感器数据不完全可靠的情况下，LiLO-SAM 表现出较强的鲁棒性。LiLO-SAM 在 LOAM 的基础上，结合了 IMU 数据和图优化技术，解决了 LOAM 在动态环境和长时间运行中累积误差大的问题，提供了更为精确和稳定的 SLAM 解决方案。

3. 基于激光的机器人全局路径规划方法

全局路径规划是在已知的环境中给机器人规划一条路径，路径规划的精度取决于环境获取的准确度，全局路径规划可以找到最优解，但是需要预先知道环境的准确信息，当环境发生变化，如出现未知障碍物时，该方法就无能为力了。它是一种事前规划，因此对机器人系统的实时计算能力要求不高，虽然规划结果是全局的，但是对环境模型改变及噪声的鲁棒性较差。

全局路径规划的本质就是搜索，建立一个目标函数，最终找到一个最优的行驶路径，其中"最优"可以根据当时的目标而定，如能耗最小、速度最快和运动轨迹曲线最平滑等。针对如何得到最优的路径有各种不同的规划方法，只要涉及寻优的数学方法都可以用于路径规划，本书仅列举一些常用算法。

（1）基于图论的路径规划算法

① 广度优先算法（Breadth-First-Search，BFS）。

广度优先算法实际上已经能够找到最短路径，BFS 采用一种从起点开始不断扩散的方式来遍历整个图。可以证明，只要从起点开始的扩散过程能够遍历到终点，那么起点和终点之间一定是连通的，因此它们之间至少存在一条路径。而 BFS 具有从中心开始呈放射状扩散的特点，故它所找到的这条路径就是最短路径。此算法也是很多重要的图算法的原型，Dijkstra 单源最短路径算法和 Prim 最小生成树算法都采用了与宽度优先搜索类似的思想。它属于一种盲目搜寻法，也是非启发式的搜索方法，目的是系统地展开并检查图中的所有节点，以找寻结果。换句话说，它并不考虑结果的可能位置，而是彻底地搜索整幅图，直到找到结果为止。

相对而言，后面介绍的算法主要是启发式搜索方法，启发式搜索能够将搜索空间控制在一个比较小的范围内，即搜索面积更小，具有较快的速度。

② A*算法。

A*（A-Star）算法是一种静态路网中求解最短路径最有效的直接搜索方法，也是许多其他问题常用的启发式算法。其公式表示为 $f(n)= g(n)+ h(n)$。其中，$f(n)$是从初始状态经由状态 n 到目标状态的代价估计，$g(n)$是在状态空间中从初始状态到状态 n 的实际代价，$h(n)$是从状态 n 到目标状态的最佳路径的估计代价（距离）。A*算法也有很多改进方法，其中 ARA*（Anytime A*）算法是目前对 A*算法在对时间"反应"的最好改进，它是一种启发式增量搜索算法。增量搜索是指在相似的环境中进行一系列搜索时，采用重用技术来更快得到最优路径的搜索方法，因为每次增量搜索能够判断节点信息是否改变，并且只修改已经改变的节点信息，所以增量搜索的速度比每次从零开始搜索更快。

③ Dijkstra 算法。

Dijkstra 算法是由荷兰计算机科学家狄克斯特拉于 1959 年提出的，因此又称狄克斯特拉算法。它是从一个顶点到其余各顶点的最短路径算法，解决的是有权图中最短路径问题。其思路是基于贪心思想实现的，首先把起点到所有点的距离存下来找个最短的，然后松弛一次再找出最短的。所谓的松弛就是遍历一遍看将刚刚找到的距离最短的点作为中转站会不会更近，如果更近就更新距离。这样把所有的点找遍之后就存下了起点到其他所有点的最短距离，解决了边权重非负的加权有向图的单起点最短路径问题。采用 Dijkstra 算法计算图 G 中的最短路径时，需要指定起点 s（即从顶点 s 开始计算）。此外，引进两个集合 S 和 U，S 的作用是记录已求出最短路径的顶点（以及相应的最短路径长度），而 U 则记录还未求出最短路径的顶点（以及该顶点到起点 s 的距离）。初始，S 中只有起点 s；U 中是除 s 外的顶点，并且 U 中顶点的路径是"起点 s 到该顶点的路径"。然后，从 U 中找出路径最短的顶点，并将其加入 S 中；接着，更新 U 中的顶点和顶点对应的路径。再从 U 中找出路径最短的顶点，并将其加入 S 中；接着，更新 U 中的顶点和顶点对应的路径。重复该操作，直至遍历完所有顶点。Djikstra 算法通过梯度下降的方式寻找下一个最优路径点，先根据代价地图计算栅格的势能（potential），再沿势能负梯度方向前进。

④ D*算法。

D*（D-star 算法）的名称源自 Dynamic A Star，最初由 Anthony Stentz 于 Optimal and Efficient Path Planning for Partially-Known Environments 中介绍。它是一种启发式路径搜索算法，适合对周围环境未知或者周围环境存在动态变化的场景。与 A*算法类似，D*通过维护一个优先队列（OpenList）来对场景中的路径节点进行搜索，不同的是，D*不是由起始点开始搜索，而是由目标点开始，即通过将目标点置于 Openlist 中来开始搜索，直到机器人当前位置节点由队列中出队为止（如果中间某节点状态有动态改变，就需要重新寻路，所以它才是一个动态寻路算法）。

⑤ 随机路图法（Probabilistic Road Map，PRM）。

PRM 是一种基于图搜索的方法，它将连续空间转换成离散空间，再利用 A*等搜索算法在路线图上寻找路径，以提高搜索效率。这种方法能用相对少的随机采样点来找到一个解，对多数问题而言，相对少的样本足以覆盖大部分可行的空间，并且找到路径的概率为 1（随着采样数增加，P(找到一条路径)指数趋向于 1）。显然，当采样点太少或者分布不合理时，PRM 算法是不完备的，但是随着采用点的增加，也可以达到完备。因此 PRM 是概率完备且不最优的。

（2）基于采样的路径规划算法

① 快速扩展随机树（Rapidly-exploring Random Trees，RRT）算法。

RRT 算法是近十几年得到广泛发展与应用的基于采样的路径规划算法，是一种在多维空间中有效率的规划方法，由美国爱荷华州立大学的 Steven M. LaValle 教授于 1998 年提出。原始的 RRT 算法是将一个初始点作为根节点，通过随机采样增加叶子节点的方式，生成一个随机扩展树，当随机树中的叶子节点包含了目标点或进入了目标区域，便可以在随机树中找到一条由树节点组成的从初始点到目标点的路径。树是由从搜索空间中随机抽取的样本逐步构建的，并且本质上倾向于朝大部分未探测区域生长。它可以轻松处理障碍物和差分约束（非完整和动力学）的问题，广泛应用于自主机器人运动规划。RRT 可以看作一种为具有状态约束的非线性系统生成开环轨迹的技术。一个 RRT 也可以被认为是一个蒙特卡罗方法，用来将搜索偏向一个配置空间中图形的最大 Voronoi 区域。改进的 RRT 算法有基于概率 P 的 RRT、RRT_Connect、RRT*、Parallel-RRT、Real-time RRT、Dynamic Domain RRT。

② 人工势场法。

人工势场法是机器人路径规划算法中一种简单有效的方法，基本思想是在移动机器人的工作环境中构造一个人工势场，该势场中包括斥力极和吸引极，不希望机器人进入的区域和障碍物定义为斥力极，目标及建议机器人进入的区域定义为引力极，由此使得在该势场中的移动机器人受到其目标位姿引力场和障碍物周围斥力场的共同作用，朝目标前进。

③ 模拟退火法。

模拟退火是一种通用概率算法，用于在固定时间内寻求在一个大的搜寻空间内找到最优解，也可以用于求解函数最优解。模拟退火由 S. Kirkpatrick、C. D. Gelatt 和 M. P. Vecchi 在 1983 年发明。而 V. Černý 在 1985 年也独立发明了此算法。模拟退火法并不是一个独立的算法，只是算法的框架，可以与任意的数值算法绑定在一起，如与梯度下降法、蚁群和爬山法绑定到一起。

4. 基于激光的机器人局部路径规划方法

总的来说，局部路径规划是在全局路径规划模块下结合避障信息重新生成局部路径的模块。局部路径规划对环境信息完全未知或有部分可知，侧重于考虑机器人当前的局部环境信息，让机器人具有良好的避障能力，通过传感器对机器人的工作环境进行探测，以获取障碍物的位置和几何性质等信息，这种规划需要搜集环境数据，并且能够随时校正该环境模型的动态更新。局部规划方法将对环境的建模与搜索融为一体，要求机器人系统具有高速的信息处理能力和计算能力，对环境误差和噪声有较高的鲁棒性，能对规划结果进行实时反馈和校正，但是由于缺乏全局环境信息，因此规划结果可能不是最优的，甚至找不到正确路径或完整路径。

下面主要介绍动态窗口法（DWA）、Timed-Elastic-Band（TEB）和 MPPI 三种局部路径规划方法。

（1）动态窗口法（DWA）

动态窗口法是在速度(v, w)空间采样多组速度，并模拟机器人在这些速度下一定时间（sim_period）内的轨迹。在得到多组轨迹后，对这些轨迹进行评价，选取最优轨迹所对应的速度来驱动机器人运动。该算法的突出点是"动态窗口"，它的含义是依据移动机器人的加减速性能限定速度采样空间在一个可行的动态范围内。主要包括如下过程。

① 速度采样。

根据机器人运动模型，动态窗口法运行过程中可根据采样到的速度计算机器人运动的轨迹，从而判断轨迹的好坏并进行相应的调整。但在采集机器人运动速度的过程中，会受到如下限制：移动机器人受到自身最大速度和最小速度的限制；移动机器人受到电机性能影响，因此，一定时间内存在一个动态窗口，窗口内的速度是机器人能够实际达到的速度；基于移动机器人的安全性考虑，如在障碍物前停下来，速度有限制。

② 评价函数。

在采样的速度组中，有若干组轨迹是可行的，因此用评价函数对每条轨迹进行评价。具体评价指标包括：方位角评价函数，轨迹末端朝向与终点连线角衡量，指向终点为最高，背向终点为最低；空隙，当前轨迹上与最近障碍物的距离，如果这条轨迹上没有障碍物，就将其设为一个常数；速度、角速度，评价当前轨迹的速度大小；平滑处理，即归一化，每一项除以所有项的总和。

ROS 软件框架包含动态窗口算法，但在实现上对此算法进行了改变，只用了窗口采样速度，没有计算小车到障碍物的最小距离以及刹车距离，如果某条轨迹上有障碍物，就直接丢弃这条轨迹。并且 ROS 的评价函数也不是用传统的动态窗口算法的评价函数。

（2）Timed-Elastic-Band（TEB）

TEB 局部路径规划方法的思路是连接起始点与目标点，并让这条路径可以变形，变形的条件就是将所有约束当作橡皮筋的外力，起始点与目标点的状态由用户/全局规划器指定，中间插入 N 个控制橡皮筋形状的控制点（机器人姿态），当然，为了显示轨迹的运动学信息，在点与点之间定义运动时间 Time。TEB 局部路径规划算法有两个目标：跟踪全局轨迹，避开障碍物。同时所需满足的约束条件比较多，可以设计由路径决定的多目标优化函数，利用优化算法对它求解。其中优化函数及约束条件考虑如下内容。

① 跟踪全局轨迹+避开障碍物的多目标任务，这两个其实算一类问题，都是在橡皮筋上找到距离某一点（全局路径点/障碍物）最近的状态，计算两者之间的距离，之后定义一个基于距离的势场。注意两种目标函数随距离变化的方向正好相反，一个随着距离增大而增大（跟踪），一个随着距离增大而减小（障碍物）。

② 机器人加速度和速度的限制，是一个不等式约束，根据机器人本体所能达到的最大速度和最大加速度来定。

③ 运动学限制，在寻优约束条件中加入保证机器人运动稳定的因素。

④ 其他约束条件，根据实际需求可添加合适的约束方程。

通过求解此多目标方程就可以获得机器人局部路径规划的结果，求解过程中每个目标函数只与橡皮筋中的某几个状态有关，而非整条橡皮筋，这是一个稀疏优化（Sparse Optimization）问题，求解的框架可以使用 G2O（General Graph Optimization，图优化）。

TEB 方法用于局部路径的规划获得了较好的效果，但是计算量较大。例如，为了得到较好的效果常常要同时求解多条路径，然后选择最好的路径，因此并不适合嵌入式平台上的开发应用。但是，随着嵌入式芯片的功能越来越强大，可以借助芯片的多核及相关的加速单元来实现此算法，这具有很好的开发意义。

（3）MPPI（Model Predictive Path Integral Control）

MPPI（Model Predictive Path Integral Control）是近几年被广泛应用于机器人局部路径规划的一种先进控制算法。它结合了模型预测控制（MPC）和路径积分（Path Integral）的思想，能够在动态和不确定的环境下实现高效、平滑的路径规划。

MPPI 是一种基于采样的方法，属于随机优化。其核心思想是预测未来一段时间内的系统行为，并基于这个预测结果来选择最佳的控制策略，从而实现路径规划。具体过程如下。

采样与扰动：MPPI 通过对当前的控制输入进行扰动，生成大量不同的控制序列。这些序列代表不同的可能路径。

系统动力学模型：利用机器人动力学模型，预测每个控制序列在未来一段时间内的轨迹。这是 MPPI 与传统路径规划方法的主要区别，它能够考虑机器人动态特性，使规划结果更为实际。

路径积分：先计算每条轨迹的"代价函数"，包括路径的平滑性、避障要求、到目标点的距离等因素，再使用路径积分的方法，根据这些代价来计算每个控制序列的得分。

控制输入更新：选择得分最高的控制序列，并以此更新机器人当前的控制输入。这一过程不断重复，以在每个时刻生成最优的局部路径。

在 ROS 2 中，MPPI 算法通常通过自定义节点实现，或者使用现有的库或包集成。实现 MPPI 的 ROS 2 节点通常包括以下几个关键组件。

传感器数据接收：从激光雷达、摄像头或其他传感器接收环境信息，获取障碍物位置等数据。

状态估计：结合传感器数据和运动模型，估计机器人的当前状态（位置、速度、方向等）。

轨迹预测与优化：基于当前状态，使用 MPPI 算法预测未来的可能轨迹，并通过路径积分计算最优轨迹。

控制指令发布：根据最优轨迹生成控制指令（速度、转向角等），利用 ROS 2 的主题（Topic）发布给机器人底层驱动系统。

MPPI 方法的优势如下。

处理动态环境：MPPI 可以实时更新路径规划，适应动态变化的环境。这对需要应对移动障碍物的场景非常重要。

考虑机器人动力学：直接在规划过程中考虑机器人的动力学约束，MPPI 能够生成更加符合实际的、平滑的控制指令。

全局最优性：MPPI 采样和评估多个控制序列，能够有效地接近全局最优解，避免陷入局部极小值。

10.3　视觉传感器

10.3.1　视觉传感器概述

视觉处理系统综合光学、机械、电子、计算机软硬件等方面的技术，涉及计算机、图像处理、模式识别、人工智能、信号处理、光机电一体化等多个领域，利用机器代替人眼来做各种测量和判断。图像处理和模式识别等技术的快速发展，也大大地推动了视觉处理系统的发展。

目前市面上的摄像机大多是基于 CMOS（Complementary Metal Oxide Semiconductor）或 CCD（Charge Coupled Device）芯片的相机。

一个完整的相机系统通常由如下几部分构成。

（1）镜头（lens）。一般摄像机的镜头由几片透镜组成，透镜分为塑胶（P）透镜和玻璃（G）透镜，通常镜头结构有 1P、2P、1G1P、1G3P、2G2P、4G 等。

（2）图像传感器（Sensor）。有两种类型：CCD 和 CMOS。图像传感器将从镜头传过来的光线转换为电信号，电信号经过内部的模数单元转换为数字信号。由于传感器的每个像素只能感应红（R）光、蓝（B）光或者绿（G）光，因此每个像素此时存储的是单色，称之为原始数据，要想将每个像素的原始数据还原成三基色，就需要用到图像信号处理（ISP）模块。

（3）图像信号处理（ISP）。主要完成数字图像的处理工作，把图像传感器采集到的原始数据转换为显示支持的格式。

（4）摄像头控制器（CAMIF）。实现对设备的控制，接收图像传感器采集的数据并交给处理器，还可传送给 LCD 显示。

10.3.2　视觉传感器图像处理

1. 颜色空间

为了定义描述各种颜色的方法，需要引进颜色空间，从而实现在某种特定环境中对颜色的特性进行解释。最基本的颜色空间就是由红、蓝、绿三原色所构成的颜色空间即 RGB 颜色空间。但颜色空间不是唯一的，为了适应在不同环境中的应用，采用对 RGB 颜色空间进行坐标变换等方法，开发出多种颜色空间，大致可分为以下 3 类。

混合型颜色空间：使用不同基色，按照不同比例混合来描述各种颜色，如 RGB、CMY 等。

强度/饱和度/色调型颜色空间：用饱和度与色调表达对颜色的感知，这种颜色空间对颜色的描述更加精确，如 HSV、HSI、HSL 等。

非线性亮度/色度颜色空间：用一个分量表示对非色彩的感知，用另外两个独立分量表示对色彩的感知。当需要黑白图像的时候，这种颜色空间就非常适用，如 YUV、YIQ 等。

（1）RGB 颜色空间

基于扬-赫姆霍尔兹（Young-Helmholz）三色学说，眼睛通过三种可见光对视网膜的锥状细胞的刺激来感受颜色。这些光在波长为 630nm（红色）、530nm（绿色）和 450nm（蓝色）时的刺激下达到高峰，基于这种视觉理论而建立的空间称为 RGB 颜色空间，这也是在阴极射线管（CRT）显示器上显示彩色的基础。图 10.10 描述了 RGB 颜色空间，使用一个正方体描述所有颜色。在正方体的主对角线上，各原色的量相等，产生由暗到亮的白色，即灰度。(0, 0, 0)为黑色，(1, 1, 1)为白色，正方体的其他 6 个对角点分别为红、黄、绿、青、蓝和品红，在这个正方体空间内的某一点就表示一定亮度的某种颜色。

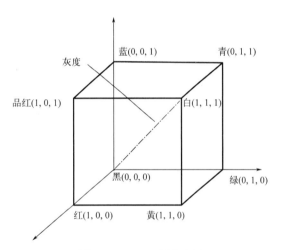

图 10.10　RGB 颜色空间

（2）YUV 颜色空间

YUV 颜色空间使用 Y 表示颜色的亮度，另外两个独立分量 U 和 V 组合起来表示色彩，YUV 颜色空间作为一个视频标准被广泛用于现代彩色模拟电视机。YUV 颜色空间的一个重要特点是它的亮度信号 Y 和色度信号 U、V 是分离的。如果只有 Y 信号分量而没有 U、V 信号分量，这样表示的图就是黑白灰度图。彩色电视机采用 YUV 颜色空间正是为了用亮度信号 Y 解决彩色电视机与黑白电视机的兼容问题，使黑白电视机也能接收彩色信号，这就是 YUV 颜色空间被广泛应用于各种视频领域的原因之一。除此之外，由于亮度与色度的分离，赋予了 YUV 颜色空间另一个优点——能用于数据压缩。人眼对彩色细节的分辨能力远比对亮度细节的分辨能力低，因此可以把 U 和 V 这两个信号分量的分辨率降低而不明显影响图像的质量，具体做法是把不同色彩值的几个相邻像素当作相同的色彩值来处理，从而减小所需的存储容量。这实际上也是图像压缩技术中的一种基本方法。YUV 颜色空间与 RGB 颜色空间有完全不同的特性，而且很多工业摄像头都可以直接输出 YUV 信号，YUV 颜色空间与 RGB 颜色空间之间的转换关系如下式所示：

$$\begin{bmatrix} Y \\ U \\ V \end{bmatrix} = \begin{bmatrix} 0.299 & 0.587 & 0.114 \\ -0.148 & -0.289 & 0.437 \\ 0.615 & -0.515 & -0.100 \end{bmatrix} \begin{bmatrix} R \\ G \\ B \end{bmatrix}$$

$$\begin{bmatrix} R \\ G \\ B \end{bmatrix} = \begin{bmatrix} 1 & 0 & 1.140 \\ 1 & -0.395 & -0.581 \\ 1 & 2.032 & 0 \end{bmatrix} \begin{bmatrix} Y \\ U \\ V \end{bmatrix}$$

(10.7)

（3）HSV 颜色空间

除使用原色作为颜色空间分量的描述法外，为了能够更加直观地描述颜色，人们提出了 HSV 颜色空间。它是一种以色调为基础的颜色空间，使用 H、S 两个分量描述色彩，V 分量则用来描述彩色光的亮度。

① 色调（Hue）：由可见光光谱中各分量成分的波长来确定，是彩色光的基本特性。

② 饱和度（Saturation）：反映彩色的浓淡，取决于彩色光中白光的含量，掺入白光越多，彩色越淡，当白光占主要成分时，彩色淡化为白色。未掺白色的彩色光由纯光谱波长的彩色来呈现，其饱和度最高。

③ 亮度（Value）：指彩色光对人眼引起的光刺激强度，只和光的能量有关，而和光的颜色无关。

HSV 颜色空间如图 10.11 所示，它是由 RGB 颜色空间的立方体演变而来的。

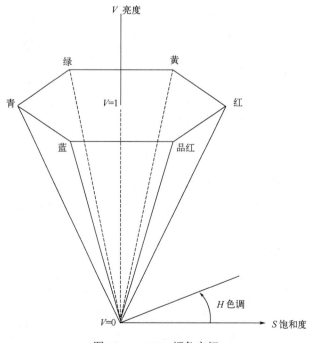

图 10.11　HSV 颜色空间

色调用与水平轴之间的角度来表示，范围为 0～360°，六边形的顶点以 60°为间隔，互补的颜色互成 180°。饱和度则从 0 到 1 变化，表示成所选色彩的纯度与该色彩的最大纯度的比率。例如，当 $S = 0.25$ 时，所选色彩的纯度为四分之一；当 $S = 0$ 时，只有灰度。亮度从六面体顶点的 0 变化到顶部的 1，其中顶点表示黑色，六面体顶部的颜色强度最大。HSV 颜色空间显得非常直观，它的三个分量与描述颜色光的三个特性完全吻合，当 $V = 1$ 且 $S = 1$ 时，表示纯色彩；白色是 $V = 1$ 且 $S = 0$ 的点。当需要描述某一个颜色时，先指定某一个色调，即确定 H 的色调角度，保持 V 和 S 都为 1，再通过添加白色（减小 S 的同时保持 V 不变）或者黑色（减小 V 的同时保持 S 不变）到纯色调中来得到所需要的颜色。比如，浅蓝色，可以指定 $H = 240$，$V = 1$，$S = 0.4$。

2. 图像分割

图像分割的基本概念是将图像中有意义的特征或者需要应用的特征提取出来，这些特征可以是图像场的原始特征，如物体占有区的像素灰度值、物体轮廓曲线和纹理特征等，也可以是空间频谱或直方图特征等。

（1）颜色分割

颜色分割是在智能视觉中被广泛使用的一种分割技术，相对其他分割技术来说，颜色分割具有速度快、可靠性高等优点。颜色分割其实是一种基于颜色阈值化来进行区域分割的方法，即使用一定的颜色阈值化方法（与所选定的颜色空间有关）将图像中的目标区域分割出来。常用的颜色阈值化算法有以下几种。

① 常量阈值法，针对具体颜色，使用某组常量对颜色空间进行划分，划分出来的结果通常是在颜色空间中的一个"立方体"。颜色值处于这个"立方体"内的像素，就认为是需要的目标像素。

② 线性阈值法：使用线性边界划分整个颜色空间。比如，对于 RGB 颜色空间，如果 R、G、B 三个分量都使用 0～255 来划分，整个颜色空间将被分为 256 × 256 × 256 = 16777216 个小"立方体"。每个像素根据其所处的"立方体"来区分。使用这种方法有利于采用神经网络进行自学习的系统。

③ 最近邻居法：在颜色空间中定义一系列的"预定点"，并对每个预定点划分一个像素，先在由一系列"预定点"组成的数组中寻找最接近颜色值的"预定点"，找到之后再根据所需要颜色中是否包含这个"预定点"来确定像素的颜色分割。

（2）边缘检测

基于边缘检测的图像分割方法是最早的图像分割方法之一，先进行边缘检测提取边缘，再采用后续的处理将这些不连续的边缘像素连成一个区域，这些边缘表示图像在灰度、颜色、纹理等方面不连续的位置。实际上，边缘检测代表一大类基于图像边缘信息的分割方法，而不是某一种具体方法，这是因为图像中的很多信息都可以定义"边缘"，给予不同的定义就会产生不同的边缘分割方法。常用的边缘检测方法包括边缘算子法、模板匹配法方法、曲面拟合法等。其中，边缘算子法最常见，它利用灰度变化检测边缘，一般使用 Sobel 算子。

（3）区域增长法

区域增长法是区域分割的基本方法，它也是将具有相似性质的像素集合起来构成某一区域，但实现方法与阈值分割法不同。一般来说，区域增长法可以归纳为三个步骤：① 选择或确定一个能正确代表所需区域的种子像素（生长点）；② 按某种事先确定的生长或相似准则，接收（合并）生长点周围的像素，该区域生长；③ 把新区域中的每个像素作为新的生长点，重复步骤②直至不能继续增长。在区域增长法中，选择合适的生长点以及均匀测度阈值是十分重要的，这也是区域增长法的难点所在。

3. OpenCV 视觉库

OpenCV 是一个基于 BSD 许可（开源）发行的跨平台计算机视觉库，可以运行在 Linux、Windows、Android 和 macOS 操作系统上。OpenCV 有 C++、Java、Python 和 MATLAB 四个版本，当下最新的版本是 OpenCV 4.3.0。这个版本的优势在于 OpenCV 的深度学习模块 DNN 在 Arm CPU 上性能显著提升。这个提升是由 Tengine 实现的，OpenCV 可无缝调用 Tengine。Tengine 是 OPEN AI LAB（开放智能）自主知识产权的商用级 AIoT 智能开发平台，针对嵌入式终端平台以及终端 AI 应用场景的特点，采用模块化设计为终端人工智能量身打造高效、简洁、高性能的前端推理计算框架，是 Arm CPU 上深度学习框架的最佳选择。

OpenCV 主要有如下几个模块。

① 核心功能模块（core），主要包括 OpenCV 基本数据结构、动态数据结构、绘图函数、数组操作相关函数、辅助功能与系统函数、宏以及与 OpenGL 有关的操作。

② 图像处理模块（imgproc），主要包括图像的几何变换、图像转换、线性和非线性的图像滤波、相关直方图、结构分析和形状描述、运动分析和对象跟踪、特征检测和目标检测等。

③ 2D 功能模块（features2D），主要包括特征检测和描述、特征检测器通用接口、描述符提取器通用接口、描述符匹配器通用接口、通用描述符匹配器通用接口、关键点绘制函数和匹配功能绘制函数。

④ 高级图形用户界面（High GUI），主要包括媒体的 I/O、视频捕捉、图像和视频的编码解码、图形交互界面的接口等。

⑤ 机器学习模块（Machine Learning），基本上是统计模型和分类算法，包含统计模型、一般贝叶斯分类器、K-近邻、支持向量机、决策树、Boosting、随机树、神经网络和深度网络等。

10.3.3 视觉定位

视觉定位技术是通过相机标定获取一定的定位信息，实现三大坐标系之间的转换并计算摄像机的畸变参数矩阵。在实验中经常用张正友标定法等进行摄像机标定，获取内参数矩阵、外参数矩阵及畸变参数矩阵。

1. 视觉定位坐标系

在计算机视觉中，利用图像中目标的二维信息获取目标的三维信息，需要相机模型坐标系之间的转换，其中涉及三大坐标系及相互转换。

（1）图像坐标系

图像坐标系中，描述图像的大小是像素，比如，图像分辨率是 800×600 像素，即图像的矩阵行数是 800，列数是 600。以图像左上角为原点建立以像素为单位的直角坐标系 u-v，像素的横坐标 u 与纵坐标 v 分别是其图像数组中的所在列数与所在行数，这是像素坐标而不是物理坐标，为了后续的模型转换，建立图像坐标系。图像坐标系以图像中心为原点，X 轴和 u 轴平行，Y 轴和 v 轴平行。dx 和 dy 分别表示图像中每个像素在 X 轴和 Y 轴的物理尺寸，即换算比例。比如，图像分辨率是 800 × 600 像素，在图像坐标系 x-y 中的大小为 300 × 200 毫米，那么 dx 就是 300/800（毫米/像素），dy 是 200/600（毫米/像素）。

（2）相机坐标系

相机成像满足一定的几何关系，在模型中图像坐标系放在相机坐标系前方，两者之间的转换关系是由透镜原理获取的，根据相似三角形的原理，利用相机的焦距并结合图像坐标系中的位置信息，可以计算相机坐标系中的数值。

（3）世界坐标系

世界坐标系是为了描述相机的位置而引入的，平移向量 t 和旋转矩阵 R 用来表示相机坐标系与世界坐标系的关系。

2. 相机畸变

在计算机视觉中，通过相机模型将三维空间中的点和二维图像中的点联系起来，如果不考虑畸变的原因则是线性模型，如果考虑则是非线性模型。

（1）线性模型

用针孔模型近似表示任一点 $P(X_c, Y_c, Z_c)$ 在像平面的投影位置，也就是说，任一点 $P(X_c, Y_c, Z_c)$ 的投影点 $p(x, y)$ 都是 OP[光心（投影中心）与点 $P(X_c, Y_c, Z_c)$ 的连线]与像平面的交点，其中 X_c 的下标 c 表示 camera（相机）。在相机坐标系内，利用相似三角形原理，即 $x / f = X_c / Z_c$，整个关系是线性的。

（2）非线性模型

① 畸变参数。

畸变参数共有 5 个，在 OpenCV 程序中这 5 个参数是必需的，它们被放置到一个畸变向量中，组成一个 5×1 矩阵，并按顺序依次包含 k1，k2，p1，p2 和 k3。

② 径向畸变。

由于成像平面和透镜平面不是绝对平行的，因此存在径向畸变，其中畸变成像中心的畸变为 0，越到边缘畸变越严重，如鱼眼透镜。径向畸变由三个参数 k1，k2，k3 描述，其中对普通的网络摄像机，通常使用 k1 和 k2；对畸变大的摄像机，如鱼眼透镜，使用 k3。

③ 切向畸变。

切向畸变是因透镜制造上的缺陷使得透镜本身与图像平面不平行而产生的，可以由两个额外的参数 p1 和 p2 描述。

（3）相机标定参数

单个相机的标定主要指计算以下参数。

① 摄像头的内参，包括相机在 x 轴和 y 轴方向的焦距 f_x, f_y 及相机的光心在图像坐标系

内的坐标 (u_0, v_0) ；

② 5 个畸变参数，一般只需要计算出 k1，k2，p1，p2，对于鱼眼镜头等径向畸变特别大的才需要计算 k3；

③ 外参，标定物体的世界坐标，常用旋转平移矩阵表示。

3. 单孔相机模型

如图 10.12 所示，单孔相机模型中，光心作为一个理想化的点，三维物体上的点 P 与像平面上的点 p 连成一条通过光心的直线，三维物体在像平面上形成一个倒立的像。

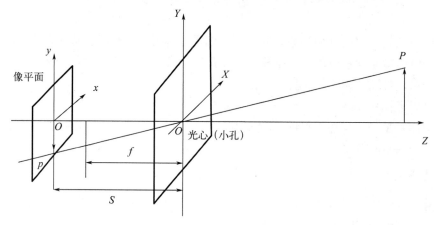

图 10.12　单孔相机模型

由小孔成像模型及相机成像原理可以导出由三维坐标 (X, Y, Z) 到图像坐标 (u, v) 的关系：

$$\begin{bmatrix} u \\ v \\ 1 \end{bmatrix} = K \begin{bmatrix} R & T \\ \mathbf{0}^{\mathrm{T}} & 1 \end{bmatrix} \begin{bmatrix} X \\ Y \\ Z \\ 1 \end{bmatrix} \tag{10.8}$$

从三维的 (X, Y, Z) 到图像坐标系上的 (u, v) ，即从世界坐标系中的点变换到相机坐标系中的点，要经历一次旋转和平移变换将相机光心平移到坐标系的原点，以及将相机光轴对准 Z 轴，X，Y 轴分别对齐相机的 x，y 轴，就得到图 10.12 所示的坐标 (X, Y, Z) 。

$\begin{bmatrix} R & T \\ \mathbf{0}^{\mathrm{T}} & 1 \end{bmatrix}$ 矩阵又称相机的外参数矩阵，其中 R 是一个 3×3 的旋转变换矩阵，代表物体相对相机的旋转程度；T 是一个 3×1 的向量，代表物体坐标相对相机在相机三个轴线上的平移量。

从相机坐标系的 (X, Y, Z) 到像平面坐标系 (x, y) 的过程是一次中心投影变换，然而从像平面坐标系 (x, y) 到图像坐标系 (u, v) ，由于投影变换后的单位尺度为毫米等现实尺度，还需要根据相机 CCD/CMOS 传感器的尺寸做一次尺度变换将单位转换成图像坐标系内的像素。然后因图像坐标系 (u, v) 并不以光心为原点，故需要做一次平移变换将坐标原点从光心移至图像的左上角。综合以上变换就得到了线性变换矩阵 K，称之为相机的内参数矩阵，矩阵 K 的形式为

$$\boldsymbol{K} = \begin{bmatrix} f_x & 0 & u_0 & 0 \\ 0 & f_y & v_0 & 0 \\ 0 & 0 & 1 & 0 \end{bmatrix} \tag{10.9}$$

其中，f_x, f_y 分别是相机在 x 轴和 y 轴方向的焦距，以像素为单位；(u_0, v_0) 是相机的光心在图像坐标系中的坐标。

4. 相机标定方法

相机标定是为了建立像平面坐标系或像素坐标系与世界坐标系之间的关系，并对相机在拍摄图像时产生的透镜畸变进行矫正。

相机标定方法可分为有标志物标定和无标志物标定，其中后者又称自标定。有标志物标定方法中，标志物多使用尺寸已知的立方体、平面图案等进行标定，有较高的准确度，研究也相对透彻。而无标志物标定方法不需要使用标志物，其精确度比有标定物标定方法差。

有标志物的相机标定方法，都假设已知相互对应的几组图像点和空间内标志物上的特征点。直接线性法和 Tsai 两步法都假设已知的对应点不共面，这就需要立体的标定物，而且需要测量实际的标定物与相机间的距离，而张正友平面标定法并不要求共面假设，只需要使用棋盘平面标志物就可以方便地标定。对应点除了可以通过人工标定的方式得到，还可以通过角点提取等特征提取方法自动获取。

（1）直接线性法

直接线性法求解内参数矩阵 $\boldsymbol{K}$ 和外参数矩阵，通常是直接求取投影矩阵 $\boldsymbol{P}$，然后根据内参数矩阵 $\boldsymbol{K}$ 为上三角矩阵的性质，使用矩阵的 RQ 分解解出内参数矩阵 $\boldsymbol{K}$ 与旋转矩阵 $\boldsymbol{R}$。

投影矩阵是 3×4 的投影变换矩阵，那么将其第 i 行第 j 列的矩阵元素记作待定参数 p_{ij}，通过单孔相机模型可以得到

$$x_i = \frac{p_{11}X_i + p_{12}Y_i + p_{13}Z_i + p_{14}}{p_{31}X_i + p_{32}Y_i + p_{33}Z_i + p_{34}}$$
$$y_i = \frac{p_{21}X_i + p_{22}Y_i + p_{23}Z_i + p_{24}}{p_{31}X_i + p_{32}Y_i + p_{33}Z_i + p_{34}} \tag{10.10}$$

其中，(x_i, y_i) 是第 i 个二维特征点，(X_i, Y_i, Z_i) 是与二维点对应的第 i 个三维特征点。由已知的 k 组对应点就能导出 $2k$ 个线性方程。而在投影矩阵中所预设的待定系数为 12 个，于是至少需要六组对应点才能求解 $\boldsymbol{P}$。

（2）Tsai 两步法

Tsai 提出的两步法在标定的线性相机模型中加入了透镜组的径向畸变。第一步，通过解线性方程组求外参数；第二步，根据镜头的状况采取不同策略求内参数。假设镜头无畸变，内参数也可以通过求线性方程组的最小二乘解给出；假设镜头存在畸变，就使用非线性的迭代方法或搜索方法求解。

Tsai 两步法需要假设已知的 n 组对应点不共面，其线性方程组和直接线性法不同，是使

用径向排列约束（Radial Alignment Constraint，RAC）导出的，RAC 条件的内容是像平面上径向偏移后的点 P_d 与光轴的垂线平行于三维空间内的原点 P 与光轴的垂线，如图 10.13 所示，直线 O_1P_d 须平行于 $P_{oz}P$。

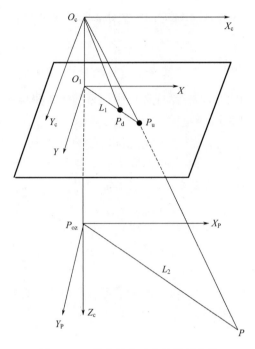

图 10.13　考虑径向畸变的投影变换

（3）张正友平面标定法

张正友平面标定法是一种使用棋盘平面标定物标定相机的方法，该方法的优点在于标定物制作方便，标定过程简便。其标定步骤如下：

① 在标定板上打印棋盘形标定图案；

② 通过移动相机或者标定板，拍摄一系列处于不同姿态的标定图案；

③ 检测图像中的特征点；

④ 利用闭式解解出内参数矩阵和外参数矩阵；

⑤ 利用线性最小二乘法估计径向畸变参数；

⑥ 使用最大似然估计与 Levenberg-Marquardt 算法优化所有参数。

与直接线性法和 Tsai 两步法相比，张正友平面标定法并不要求已知标定物在深度轴上的位移量，但假设了在多组图像中标定板发生的不仅是平移变换。该假设比之前方法的限制性更弱，于是在精度要求不严格的环境下张正友平面标定法被广为使用。开源计算机视觉库 OpenCV 中的相机标定算法就使用了张正友平面标定法。

张正友平面标定法的推导比直接线性法和 Tsai 两步法更复杂，其基本思路是对每幅图像，首先计算其成像的单应性（Homography）变换矩阵 $\boldsymbol{H}$，然后基于旋转矩阵 $\boldsymbol{R}$ 是正交的，在 $\boldsymbol{H}$ 与矩阵 $\boldsymbol{B}=(\boldsymbol{K}^{-1})^{\mathrm{T}}\boldsymbol{K}^{-1}$（$\boldsymbol{K}$ 是内参数矩阵）之间建立线性约束条件，导出内参数矩阵 $\boldsymbol{K}$ 的闭式解，最后通过内参数矩阵 $\boldsymbol{K}$ 计算外参数矩阵。

5. 基于标签的单目视觉定位

单目相机通过读取 AprilTag 标签的信息实现定位，AprilTag 是一个由密歇根州立大学 April 实验室开发的、免费开源的视觉定位系统，利用类似二维码的 Tag 实现定位，广泛应用于机器人、无人机定位导引等。AprilTag 标签如图 10.14 所示。

Tag16h5　　　　　　　　Tag25h9　　　　　　　　Tag36h11

图 10.14　AprilTag 标签

AprilTag 标签的单目视觉定位包含以下 3 个步骤。

① 根据标签梯度计算检测出图像的边缘。

② 在边缘图像中找出需要的四边形图案并进行筛选，AprilTag 尽可能对检测出的边缘进行检测，先剔除非直线边缘，在直线边缘中查找邻接边缘，最终若形成闭环则检测到一个四边形。

③ 二维码编码和二维码解码。编码方式分为三种，其黑边色块长度分别为 8、7、6，对于解码内容，要在检测到的四边形内生成点阵列用于计算每个色块的值，再根据局部二值图案构造简单分类器对四边形内的色块进行分类，将正例色块编码为 1，将负例色块编码为 0，就可以得到该二维码的编码。得到编码以后再与已知库内的编码进行匹配，确定解码出的二维码是否正确。

同时根据编码的 ID 以及编码的旋转，计算该二维码的其他参数，包括计算针对二维码图案的单应性矩阵（Homography Matrix）并分解出旋转矩阵与平移矩阵，从而得到二维码的姿势信息。分解该矩阵就可求出旋转变换向量以及平移变换向量，根据旋转变换向量可以求得二维码的正确姿势。

在进行视觉定位时，把世界坐标系的原点设置在标签 Tag 上，所以标签的世界坐标是确定的。当摄像机采集图像时，所采集到的图像数据经过处理电路后转换成计算机标准的图像坐标数据，并传送给计算机。

将待检测的标签看成一点 q，以相机光心为原点建立三维坐标系 $O_c\text{-}X_cY_cZ_c$，在计算机中的图像上建立坐标系 $O\text{-}XYZ$。假设像素坐标系所在平面与计算机上图像所在的平面是同一个，将 q 点的成像在像素平面坐标系上的坐标设为 (u, v)，q 点在世界坐标系上的坐标为 (X_w, Y_w, Z_w)，则 q 点在成像在像素平面坐标系上的坐标与 q 点在世界坐标系上的坐标可以按照下式来转换：

$$\begin{bmatrix} u \\ v \\ 1 \end{bmatrix} = \frac{1}{Z_c} \begin{bmatrix} \dfrac{1}{\mathrm{d}x} & 0 & u_0 \\ 0 & \dfrac{1}{\mathrm{d}y} & v_0 \\ 0 & 0 & 1 \end{bmatrix} \begin{bmatrix} f & 0 & 0 & 0 \\ 0 & f & 0 & 0 \\ 0 & 0 & 1 & 0 \end{bmatrix} \begin{bmatrix} \boldsymbol{R} & \boldsymbol{P} \\ 0 & 1 \end{bmatrix} \begin{bmatrix} X_w \\ Y_w \\ Z_w \\ 1 \end{bmatrix} \tag{10.11}$$

其中，dx 为每个像素在成像平面的横坐标轴方向上的物理尺寸，dy 为每个像素在成像平面的纵坐标轴方向上的物理尺寸。参数 dx、dy、v_0、u_0 和摄像机焦距 f 可以通过摄像机标定求出。矩阵 $\begin{bmatrix} \boldsymbol{R} & \boldsymbol{P} \\ 0 & 1 \end{bmatrix}$ 为 4 阶变换矩阵 $\boldsymbol{T}$，$\boldsymbol{T}$ 中的 $\boldsymbol{P}$ 是 3×1 阶平移矩阵，$\boldsymbol{R}$ 是 3 阶旋转矩阵，$\boldsymbol{R} = \begin{bmatrix} r_{11} & r_{12} & r_{13} \\ r_{21} & r_{22} & r_{23} \\ r_{31} & r_{32} & r_{33} \end{bmatrix}$。把 $\boldsymbol{R}$ 改写成欧拉角的形式为

$$\begin{cases} \varphi = \arctan \dfrac{r_{21}}{r_{12}} \\ \varTheta = \arcsin(-r_{31}) \\ \varPhi = \arctan \dfrac{r_{32}}{r_{33}} \end{cases} \tag{10.12}$$

由于像素坐标(u, v)通过计算机图像处理是已知的，因此可以通过求解上式，求出摄像头世界坐标的位移数据 X_w，Y_w，Z_w 及旋转数据 φ，$\varTheta$，$\varPhi$，其中旋转数据可以转换成四元数方式输出。

6. RGB-D 相机定位

RGB-D 相机定位采用主动式投射结构光的方法，结构光法不依赖于物体本身的颜色和纹理，采用主动投影已知图案的方法来实现快速鲁棒的匹配特征点，能够达到较高的精度，也大大扩展了适用范围。结构光法得到的深度图更完整，细节更丰富，效果好于双目立体视觉法。

结构光法投射的图案需要进行精心设计和编码，结构光编码的方式有很多种，一般分为直接编码（direct coding）、时分复用编码（time multiplexing coding）和空分复用编码（spatial multiplexing coding）。业界比较有名的结构光方案就是以色列 PrimeSense 公司的 Light Coding 技术，其最早被应用于 Microsoft 的明星产品 Kinect1（Kinect2 基于 TOF 技术）。

下面以 Kinect1（如图 10.15 所示）为例介绍 3D 结构光技术的基本原理。使用近红外激光器将具有一定结构特征的光投射到被摄物体上，再由专门的红外摄像头采集；这种结构

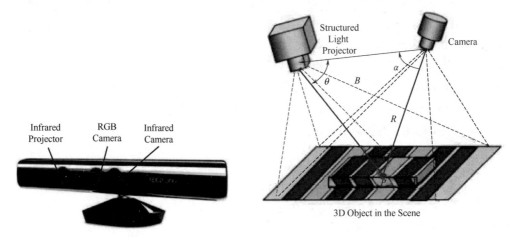

图 10.15　Microsoft 和 PrimeSense 合作的 Kinect1

的光线会因被摄物体的不同深度区域而采集到不同的图像相位信息，然后通过运算单元将这种结构的变化换算成深度信息，以此获得三维数据。

Kinect1 的红外发射端投射人眼不可见的伪随机散斑红外光点到物体上，每个伪随机散斑光点和它周围窗口内的点集在空间分布中的每个位置是唯一且已知的，这是因为 Kinect1 的存储器中已经预存储了所有数据。Kinect1 根据三种不同距离使用了三种不同尺寸的散斑，这样的目的是在远中近三种距离内都能得到相对较好的测量精度。

基于结构光法深度相机的优点：采用结构光主动投射编码光，因而非常适合在光照不足（甚至无光）、缺乏纹理的场景使用；结构光投影图案经过精心设计，在一定范围内可以达到较高的测量精度；深度图像可以做到相对较高的分辨率。

基于结构光法深度相机的缺点：在室外容易受到强自然光影响，导致投射的编码光被淹没，因此在室外环境基本无法使用，虽然增加投射光源的功率可以在一定程度上缓解该问题，但是效果并不能让人满意；测量距离较近，物体距离相机越远，物体上的投影图案越大，精度也越差，相对应的测量精度也越差，因而往往在近距离场景中应用较多；容易受到光滑平面反光的影响。

除 Kinect1 外，目前主流的 RGB-D 深度相机有微软 Kinect2、华硕 Xtion Pro Live、英特尔 RealSense、奥比中光 Astra Pro 和 Astra 系列等，如图 10.16 所示。

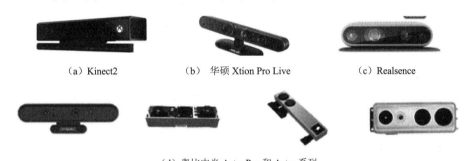

(a) Kinect2　　　(b) 华硕 Xtion Pro Live　　　(c) Realsence

(d) 奥比中光 Astra Pro 和 Astra 系列

图 10.16　一些 RGB-D 深度相机

RGB-D 深度相机除采用结构光方案外，也采用 TOF 技术，例如，Kinect2 的方案，因为 TOF 并非基于特征匹配，这样在测试距离变远时，精度也不会下降很快。TOF 的主要优点是检测距离远，在激光能量足够的情况下可达几十米；受环境光干扰比较小。TOF 也有一些显而易见的问题：对设备要求高，特别是时间测量模块；资源消耗大，该方案在检测相位偏移时需要多次采样积分，从而导致运算量大；测量过程中边缘部分的精度较低。

结构光与 TOF 相比，结构光技术功耗更小，技术更成熟，更适合静态场景；TOF 在远距离下噪声较低，同时拥有更高的每秒传输帧数（FPS），因此更适合动态场景。

7. 视觉 SLAM

视觉 SLAM 的一个主要目标是定位，即计算移动机器人在世界坐标系下的位置（坐标）和姿态（朝向）。在 SLAM 中，通常使用机器人的位姿（Pose）描述移动机器人的位置和姿态。特别的，在视觉 SLAM 中，由于相机是视觉 SLAM 获取外界环境信息的唯一载体，且相机固定在移动机器人上，因此，一般情况下视觉 SLAM 的定位结果表示相机的位姿。

视觉 SLAM 特指只使用视觉信息作为输入的一类 SLAM 算法，以相机作为获取环境信息的唯一方式，使 SLAM 问题更具有挑战性。此外，相机还具有价格低、功耗低、重量轻、体积小、图像信息丰富、存在于大多数手持设备（如手机、平板电脑）中等优势。近几年视觉 SLAM 在计算机视觉、机器人和 AR 等领域受到了广泛的关注和研究。按照传感器的类型，视觉 SLAM 可分为单目视觉 SLAM、双目立体视觉 SLAM 和 RGB-D 视觉 SLAM；按照优化的方式，视觉 SLAM 可分为基于滤波器的视觉 SLAM 和基于平滑的视觉 SLAM；按照数据关联的方式，视觉 SLAM 可分为基于特征的视觉 SLAM 和直接视觉 SLAM。

经典的视觉 SLAM 系统一般包含传感器数据、前端视觉里程计、后端优化、闭环检测和建图五个主要部分，流程如图 10.17 所示。

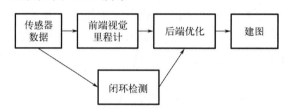

图 10.17　经典的视觉 SLAM 系统流程

前端视觉里程计（Visual Odometry）：仅有视觉输入的姿态估计。

后端优化（Optimization）：后端接收不同时刻视觉里程计测量的相机位姿及闭环检测的信息，并对它们进行优化，得到全局一致的轨迹和地图。

闭环检测（Loop Closing）：机器人在地图构建过程中，通过视觉等传感器信息检测是否发生了轨迹闭环，即判断自身是否进入了历史同一地点。

建图（Mapping）：根据估计的轨迹，建立与任务要求对应的地图。

下面介绍几种主流的视觉 SLAM 方法。

（1）基于特征的视觉 SLAM（也称间接法）

间接法是先对测量数据进行预处理来产生中间层，再通过稀疏的特征点提取和匹配实现的，也可以采用稠密规则的光流或者提取直线或曲线特征来实现。

① MonoSLAM。

MonoSLAM 是一种实时的单目视觉 SLAM 系统。MonoSLAM 以 EKF（扩展卡尔曼滤波）为后端，追踪前端稀疏的特征点，以相机的当前状态和所有路标点为状态量，更新其均值和协方差。在 EKF 中，每个特征点的位置服从高斯分布，可以用一个椭球表示它的均值和不确定性，在某个方向上越长，说明在该方向上越不稳定。此方法的缺点是场景窄、路标数有限、稀疏特征点易丢失等。

② PTAM。

PTAM 提出并实现了跟踪和建图的并行化，首次区分出前后端（前端跟踪需要实时响应图像数据，地图优化放在后端进行），后续许多视觉 SLAM 系统设计也采取了类似的方法。PTAM 使用非线性优化作为后端的方案，而不是滤波器的后端方案。提出了关键帧（keyframes）机制，即不用精细处理每幅图像，而是把几幅关键图像串起来优化其轨迹和地图。此方法的缺点是场景小、跟踪容易丢失。

③ ORB-SLAM （ORB-SLAM2/ORB-SLAM3）。

ORB-SLAM 围绕 ORB 特征计算，包括视觉里程计与回环检测的 ORB 字典。ORB 特征计算效率比 SIFT 或 SURF 高，又具有良好的旋转和缩放不变性。ORB-SLAM 使用了三个线程完成 SLAM，三个线程是实时跟踪特征点的 Tracking 线程、局部光束法平差（Bundle Adjustment）的优化线程、全局位姿图（Pose Graph）的回环检测与优化线程。此方法的缺点是对每幅图像都计算一遍 ORB 特征非常耗时，三线程结构给 CPU 带来了较重负担；稀疏特征点地图只能满足定位需求，无法提供导航、避障等功能。

ORB-SLAM2 基于单目的 ORB-SLAM 做了如下贡献：用于单目、双目和 RGB-D 相机的开源 SLAM 系统，包括闭环、重定位和地图重用。RGB-D 相机结果显示，使用光束法平差，比基于迭代最近点（ICP）或者光度和深度误差最小化的最先进方法可以获得更高的精度；使用近距离和远距离的立体点与单目观察结果，立体效果比最先进的直接立体 SLAM 更准确；具有轻量级的本地化模式，当建图不可用时，可以有效地重新使用地图。

ORB-SLAM3 支持单目（Monocular）、双目（Stereo）和 RGB-D 相机，并增加了对多地图、多传感器（视觉-惯性）的支持，使其能够在更多复杂场景下实现精确的定位与建图。将 IMU（惯性测量单元）与视觉数据融合，增强系统的鲁棒性和精度。IMU 数据可以在特征点难以提取或视觉模糊的情况下（如快速运动或光线较差）提供辅助信息，保持稳定的姿态估计。ORB-SLAM3 引入了惯性信息，能够在更加复杂和动态的环境中运行，具有更高的精度和实时性。ORB-SLAM3 还引入了多地图管理系统，允许同时维护和使用多个子地图（submap）。这种多地图机制提高了在大规模场景或复杂环境中的适应性，支持机器人在不同区域之间的无缝切换和定位。多地图支持还使得在场景变化较大（如动态环境、移动障碍物）的情况下，ORB-SLAM3 能够更好地保持定位精度。ORB-SLAM3 结合动态物体检测算法，能够更好地处理动态场景中的移动物体。这种改进使系统在实际应用中更加鲁棒，特别是在室内环境或公共场所等具有动态背景的场景中。

④ VINS-Fusion。

VINS-Fusion 是一种基于视觉惯性融合的定位与建图（V-SLAM）系统，结合了视觉（相机）和惯性测量单元的数据，提供了精确的位姿估计。使用双目摄像头或单目摄像头获取图像，提取特征点，并通过特征点的匹配估计相机的相对运动。利用 IMU 数据在图像帧之间进行运动预测，弥补视觉里程计可能出现的抖动和模糊缺陷。将视觉和 IMU 的数据通过因子图模型进行融合和优化，得到更精确的位姿估计。VINS-Fusion 广泛应用于无人机的视觉导航，结合 IMU 和视觉信息实现高精度的飞行定位。在室内导航中，VINS-Fusion 能够在无 GPS 信号的环境下，提供可靠的定位支持。

（2）直接法

直接法跳过预处理步骤直接处理实际传感器测量值，如在特定时间内从某个方向接收的光。

① DTAM。

DTAM 是单目 VSLAM 系统，采用直接稠密的方法，通过最小化全局空间规范能量函数计算关键帧并构建稠密深度图，而相机的位姿则使用深度地图通过直接图像匹配来计算得到，对特征缺失、图像模糊有很好的鲁棒性。此方法的缺点是计算量非常大，需要 GPU 并行计算；假设光度恒定，对全局照明处理不够鲁棒。

② LSD-SLAM。

LSD-SLAM 构建了一个大尺度直接单目 SLAM 框架，提出了一种直接估计关键帧之间相似变换、尺度感知的图像匹配算法，在 CPU 上实现了半稠密场景的重建。此方法的缺点是对相机内参敏感和曝光敏感，相机快速运动时容易丢失目标，依然需要特征点进行回环检测。

③ SVO。

SVO（Semi-direct Visual Odometry，半直接视觉里程计）是特征点和直接法的混合使用：跟踪了一些角点，然后像直接法那样根据关键点周围信息估计相机运动及位置。由于不需要计算大量描述子，因此运行速度很快。此方法的缺点是舍弃了后端优化和回环检测，位姿估计存在累积误差，丢失后重定位困难。

④ DSO。

DSO（Direct Sparse Odometry，直接光谱里程计）是基于高度精确的稀疏直接结构和运动公式的视觉里程计的方法，不考虑几何先验信息，能够直接优化光度误差。但考虑了光度标定模型，其优化范围不是所有帧，而是由最近帧及其前几帧形成的滑动窗口，并且保持这个窗口有 7 个关键帧。DSO 除完善直接法位姿估计的误差模型外，还加入了仿射亮度变换、光度标定、深度优化等，但该方法没有回环检测。

⑤ RGBD SLAM。

RGBD SLAM 方法整合了 SLAM 领域里的多种技术：图像特征、回环检测、点云、图优化等。但由于要提取特征、渲染点云，这些过程很占用资源，导致算法实时性不强。

⑥ KinectFusion。

KinectFusion 的点云是用 Kinect 采集的，该算法把这些点云对齐融合成一个整体点云。KinectFusion 算法的主要步骤：生成三维点云→点云预处理，包含法线计算、点云范围裁剪、去噪和边界点剔除等→点云位姿估计，根据深度信息计算出位姿→点云融合，与已有的点云融合，更新点云。但是 KinectFusion 算法没有回环检测和回环优化，造成当相机移动距离大时，不可避免地会有累积误差。

⑦ ElasticFusion。

ElasticFusion 使用 surfel 模型实现三维重建，利用 RGB-D 相机以增量的在线方式探索，在构建点云过程中没有任何姿态图优化或任何后处理步骤，而是通过使用密集的帧模型摄像机跟踪和基于窗口与表面的融合并通过非刚性表面变形的频繁模型细化来实现。

⑧ RTAB-Map。

RTAB-Map（Real-Time Appearance-Based Mapping）最初是一种基于特征的回环检测方法，具有内存管理功能，可以处理大规模和长期的在线操作，用于基于外观的实时建图，采用内存管理方法实现回环检测，限制地图的大小使回环检测始终在固定的时间限制内处理，从而满足长期和大规模环境在线建图要求。

⑨ Kintinuous。

Kintinuous 是一个比较完备的三维重建系统，位姿估计结合 ICP 和直接法使用 GPU 实现，位姿估计的精度鲁棒性比其他算法都好，而且融合了回环检测和回环优化，并根据回环优化的结果更新点的坐标，使回环地方的两次重建可以对齐。

8. 基于深度学习的 SLAM

传统的视觉 SLAM 在环境的适应性方面依然存在瓶颈，深度学习有望在这方面发挥较大的作用。目前，深度学习已经在语义地图、重定位、回环检测、特征点提取与匹配以及端到端的视觉里程计等问题上做了相关工作，下面列举一些典型成果。

（1）CNN-SLAM 在 LSD-SLAM 的基础上将深度估计及图像匹配改为基于卷积神经网络的方法，并且可以融合语义信息，得到了较鲁棒的效果。

（2）剑桥大学开发的 PoseNet 是在 GoogleNet 的基础上将六自由度位姿作为回归问题进行的网络改进，可以利用单幅图像得到对应的相机位姿。

（3）LIFT 利用深度神经网络学习图像中的特征点，比 SIFT 匹配度更高，由三部分组成，包括 Detector、Orientation Estimator 和 Descriptor。每部分都基于 CNN 实现，作者用 Spatial Transformers 将它们联系起来，并用 soft argmax 函数替代传统的非局部最大值抑制，保证了端到端的可微性。

（4）UnDeepVO 能够使用深度神经网络估计单目相机的六自由度位姿及其视野内的深度，前者采用无监督深度学习机制，后者能够恢复绝对尺度。UnDeepVO 在训练过程中使用双目图像恢复尺度，但是在测试过程中只使用连续的单目图像。

10.3.4　ROS 2 视觉导航案例

在 ROS 2 中，Nav2（Navigation2）是一个功能强大的导航框架，提供从地图构建、定位、路径规划到运动控制的完整解决方案。视觉导航是 Nav2 的一项重要功能，特别适合在无 GPS 信号的环境中利用相机数据进行定位和导航。本书描述的机器人移动平台基于 ROS 2 Nav2 结合 ORB-SLAM3 实现一个机器人在室内环境中的自主视觉导航，实现步骤如下。

（1）启动 ORB-SLAM3 节点，使用相机的数据进行实时的 SLAM 处理。ORB-SLAM3 会输出机器人的当前位姿信息，可以发布到/odom 或/pose 主题上。在初始阶段，机器人探索环境，ORB-SLAM3 创建一个稠密的三维地图或稀疏的特征点地图。该地图可以与 Nav2 的代价地图（costmap）集成，允许机器人在导航过程中利用视觉地图定位。其中，代价地图是机器人进行路径规划的基础，利用代价值衰减函数为不同的空间位置赋不同的成本值。

（2）使用 RViz2 设定导航目标点，用户单击地图中的某个位置以设置机器人要到达的目标。Nav2 将计算从当前位置到目标位置的最优路径。Nav2 中的全局规划器（Global Planner）基于 ORB-SLAM3 提供的位姿信息和地图生成一条路径。局部规划器（Local Planner）实时调整机器人运动，以应对动态障碍物，同时将其保持在规划路径上。

（3）使用 Nav2 中的成本地图和局部规划器（如 DWB 控制器），机器人能够在遇到障碍物时动态调整路径，实现避障功能。运动控制器控制机器人按规划路径移动，同时根据 ORB-SLAM3 提供的位姿进行调整。

在机器人运行过程中，通过 RViz2 可以实时查看机器人的位姿、路径、成本地图和 SLAM 构建的地图。在 RViz2 中可以调试和监控导航过程，查看路径规划是否符合预期。也可以使用 ROS 2 提供的 ros2 topic echo 和 ros2 bag 工具，监控主题数据流和记录实验日志，帮助调试视觉导航的相关问题。根据实际导航效果，调整 Nav2 和 ORB-SLAM3 的参数（如局部规划器的速度、回环检测的频率等）以优化导航性能。

　　将 ORB-SLAM3 与 ROS 2 Nav2 相结合可以实现高精度的视觉导航系统。该系统利用视觉 SLAM 提供的定位与建图能力，结合 Nav2 的路径规划与运动控制功能，使机器人能够在复杂环境中实现自主导航。这种方法在室内环境中特别有效，适合无 GPS 信号的应用场景，如家庭服务机器人、仓储物流机器人等。

10.4　习　　题

　　1. 简述激光传感器的种类和特点。

　　2. 简述激光传感器定位的方法。

　　3. 简述视觉传感器的成像原理。

　　4. 简述视觉传感器定位的方法。

第 11 章

多机器人系统

11.1 多机器人系统概述

多机器人系统（Multi-Robot Systems，MRS）涉及多个机器人协同工作，以完成单个机器人难以独立完成的任务。这种系统广泛应用于仓储物流、环境监测、灾害救援等场景。多机器人系统的研究领域包括任务分配、通信、协作、避碰和全局控制策略等。

任务分配是指将任务合理分配给各个机器人，以优化整个系统的效率，采用集中式、分布式或混合式方法来实现。其思路如下。① 集中式方法，由一个中央控制器负责所有机器人的任务分配。优点是容易管理；缺点是中央控制器的负载较重，且存在单点故障风险。② 分布式方法，每个机器人自主决定其任务，系统更加灵活且没有单点故障风险，但协调复杂度高。

机器人之间需要交换信息，如状态、环境数据、任务进度等，以实现协同工作。通信模式分为 2 种：集中通信，机器人通过中心节点或服务器通信；分布式通信，机器人使用对等网络（如 Wi-Fi、ZigBee）直接通信，适合分布式控制。

在协作方面，多个机器人共同完成一个复杂任务，例如多个机器人一起搬运大物体或覆盖一片区域进行监测，保证机器人在执行任务时不发生冲突，如避免路径交叉、资源冲突等。需要采用路径规划、资源管理和优先级策略等手段实现高效的协作和协调。

在避碰与安全方面，多机器人系统必须避免机器人之间的碰撞及其与环境的碰撞。通过共享环境信息、实时路径规划和局部避障算法（如动态窗口法）来实现安全导航。

多机器人全局控制与调度涉及对整个机器人群体的控制策略，保证任务高效完成，并在动态环境中做出响应调整。其中，集中式调度是由一个中央调度系统实时控制所有机器人的行为；分布式调度是每个机器人根据全局目标自主调整行为，减轻中央调度的负担。

ROS 2 为多机器人系统提供了良好的支持，尤其是在分布式系统的应用中，基于 DDS 的通信框架使多机器人系统的开发更加方便。

本章将前面章节提到的车臂一体机器人上的移动平台和机械臂作为 2 个机器人实现协调控制，因此这个多机器人系统较为简单。

11.2 车臂多机器人案例

本章的机器人是一个全向移动车和三自由度机械臂安装在一起的车臂一体机器人，是一种将移动平台（车体）和机械臂结合在一起的机器人系统。这种机器人能够在不同环境下灵活移动，同时利用机械臂完成物体的抓取、搬运、组装等任务，在工业自动化、物流、医疗、农业等领域有着广泛的应用。

11.2.1　车体和机械臂基于视觉的位置标定

在智能仓储环境中，车臂一体机器人需要在复杂的仓库中自由移动，并利用机械臂从货架上抓取物品。为了确保机器人能够精准地定位自己、货架和目标物品的位置，系统通过视觉标定来计算车体和机械臂的位置矩阵。这些位置矩阵对导航、抓取和放置操作的成功至关重要。

在机器人部署之前，首先需要对系统进行初始标定。通常会在车体和机械臂上安装摄像头。通过拍摄标定板（通常是带有已知图案的棋盘格），系统可以计算摄像头的内外参数。这一步骤是为了确保摄像头能够准确测量距离和角度。

机械臂相对于车体的位置矩阵的计算是一个复杂的过程，涉及机械臂运动学、车体坐标系、标定工具（如视觉传感器）的使用姿态矩阵的转换。实现车和机械臂基于视觉的位置标定的主要步骤如下。

（1）设置坐标系

车体坐标系（C）：车体上的一个固定参考点，通常位于车体中心或底盘上，作为参考的全局坐标系。

机械臂基座坐标系（B）：机械臂的底座安装在车体上，机械臂的基座相对于车体有固定的位姿。

末端执行器坐标系（E）：机械臂末端执行器（如抓手）的坐标系，它随着机械臂的运动而变化。

标定板坐标系（P）：用于标定的标定板（如带有棋盘格或 QR 码）上的坐标系，用于视觉测量。

（2）获取机械臂运动学模型

机械臂的运动学模型通过 DH 参数描述。每个关节的旋转和移动会影响末端执行器的位置。根据三自由度机械臂的运动学方程，可以推导出末端执行器相对于机械臂基座的位置和姿态矩阵 T_B^E。

假设机械臂有三个关节，关节的旋转角度为 θ_1、θ_2、θ_3，基于 DH 参数可以得到关节之间的变换矩阵 T_i，从基座到末端执行器的总体变换矩阵为

$$T_B^E = T_1(\theta_1) \cdot T_2(\theta_2) \cdot T_3(\theta_3) \tag{11.1}$$

矩阵 T_B^E 是机械臂末端执行器相对于基座的位置和姿态，包含旋转矩阵 R 和位移向量 d：

$$T_B^E = \begin{bmatrix} R & d \\ 0 & 1 \end{bmatrix} \tag{11.2}$$

其中，R 是一个 3×3 的旋转矩阵，描述姿态的变化；d 是一个 3×1 的平移向量，描述位移。

（3）标定车体和机械臂基座的关系

接下来需要通过视觉标定确定机械臂基座相对于车体的位置矩阵 T_C^B。通过视觉传感器拍摄标定板，利用视觉算法（如 PnP 或棋盘格标定）可以识别出标定板相对于机械臂末端执行器的位置 T_E^P。

通过标定板和末端执行器的相对位置，可以计算机械臂基座相对于车体的位置。如果标定板的位姿已经固定在车体上，即 T_C^P 是已知的，那么可以通过以下公式计算 T_C^B：

$$T_C^B = T_C^P \cdot (T_E^P)^{-1} \cdot (T_B^E)^{-1} \tag{11.3}$$

其中，

T_C^P：标定板相对于车体的已知位置矩阵。

T_E^P：标定板相对于末端执行器的位置矩阵，通过视觉传感器标定获得。

T_B^E：机械臂末端执行器相对于基座的变换矩阵。

（4）机械臂相对于车体的位姿矩阵计算

根据前面的步骤，得到了两个关键的变换矩阵：

① 机械臂基座相对于车体的位姿矩阵 T_C^B；

② 机械臂末端执行器相对于基座的位姿矩阵 T_B^E。

利用矩阵乘法，可以得到机械臂末端执行器相对于车体的最终位置矩阵 T_C^E：

$$T_C^E = T_C^B \cdot T_B^E \tag{11.4}$$

为了确保标定和位置计算的精确性，需要进行验证。验证步骤包括以下操作。

视觉检测验证：使用视觉传感器检测其他已知物体（如固定的标定点或物体），确保末端执行器的位置与计算结果相符。

多点标定：在多个不同的位置和角度进行标定与测量，确保在不同工作空间范围内的精度一致性。如果误差较大，可能需要调整摄像头的校准参数、标定板的位置，或者重新标定机械臂的 DH 参数。

经过机械臂相对于车体的视觉标定过程，获得精确的机械臂和移动平台的位置关系，从而确保机械臂在移动平台上的高精度定位和操作。这比直接测量机器人尺寸和位置距离更方便和灵活。通过已知的变换矩阵，机械臂可以精确地将末端执行器移动到车体坐标系中的任意位置。结合车体的实时位姿数据（来自编码器和 IMU），系统可以动态调整机械臂的位置，确保在车体移动过程中机械臂的操作稳定性。

采用基于视觉标定板的方法，可以精确计算机械臂相对于车体的位姿矩阵。这一过程包括相机内参和外参的标定、机械臂不同姿态下的多次观测、结合运动学模型的优化求解，以及最终的验证与校准。精确的位姿矩阵不仅保证了车臂一体机器人在复杂环境中的高效、准确操作，还为多机器人协作提供了坚实的基础。

11.2.2　车体和机械臂综合决策案例

在一个智能仓储环境中，车臂一体机器人需要从货架上抓取一个指定的盒子。任务涉及机器人从初始位置出发，找到目标物体，移动到合适的位置，然后通过机械臂精确地抓取物体。

在抓取任务中，车臂一体机器人需要同时协调车体和机械臂的动作，以实现高效、精准的操作。下面介绍车体和机械臂在不同阶段需要完成的任务，以及在接近目标物体时如何决定是移动车体还是移动机械臂，并做出最优决策的过程。

1. 车体的任务

车体的主要任务是从初始位置移动到目标物体的附近。它负责全局路径规划、避障、精确定位，并在必要时进行微调以为机械臂创造一个良好的操作环境。

（1）环境感知与定位

地图构建与定位：车体配备传感器（如激光雷达、摄像头、IMU），用于实时感知周围环境，构建和更新仓库的地图。基于这些数据，车体可以确定自己在仓库全局坐标系中的准确位置（使用 SLAM 技术）。

障碍物检测：在移动过程中，车体不断检测周围的障碍物，如货架、其他移动机器人或人类操作员。通过避障算法，车体可以动态调整路径以避免碰撞。

（2）路径规划与导航

路径规划：车体根据目标位置（如货架或打包区）和当前自身位置，使用路径规划算法（如 A*或 Dijkstra 算法）计算最优路径。规划时会考虑到最短路径、避障需求、车体的运动能力（全向移动）、环境动态变化等因素。

导航执行：一旦路径确定，车体就负责按照规划路径精确移动。通过全向轮，车体可以在狭窄的仓库通道内灵活地调整方向，并在接近目标时微调，确保机械臂能够顺利执行抓取任务。

（3）精确对位与姿态调整

精确对位：当车体接近目标位置（如货架）时，车体利用摄像头和激光雷达进一步调整自身位置和姿态，确保车体前部对准目标，便于机械臂操作。

稳定性控制：在执行抓取任务期间，车体必须保持稳定，避免剧烈运动或倾斜，确保机械臂的操作精度。

2. 机械臂的任务

机械臂的主要任务是对目标物体进行识别、抓取，并将其搬运到指定的位置。它负责局部的姿态调整、抓取操作，并与车体的移动进行协调，以保证抓取过程的稳定和精确。

（1）末端执行器的精准定位

路径规划与运动学计算：机械臂接收到车体的定位信息后，通过其运动学模型计算各个关节的角度，以将末端执行器移动到目标物体上方或适合的抓取点处。机械臂的控制系统通过逆运动学算法精确计算机械臂各关节的旋转角度，从而定位末端执行器。

姿态调整与优化：根据物体的形状、大小和放置位置，机械臂会调整末端执行器的姿态（如调整抓手的角度、抓取力度等），确保在抓取时能够稳固且不损坏物体。

（2）物体的检测与抓取

视觉识别与检测：机械臂上的摄像头捕捉到目标物体的图像，通过图像处理和识别算法（如深度学习模型）精确识别物体的位置和抓取点。机械臂利用这些信息进行最终的姿态调整。

抓取执行：机械臂操作末端执行器对准抓取点，打开抓手并缓慢闭合以抓取物体。

3. 车体与机械臂的协同和决策

当车臂一体机器人接近目标物体时，决定是进一步移动车体还是移动机械臂，需要考虑以下几个因素。

（1）操作空间：如果车体已经接近目标物体并且在当前姿态下机械臂可以覆盖目标物体的位置，通常优先移动机械臂进行抓取操作。机械臂的运动自由度较高，可以精细调整末端执行器的姿态和位置。

（2）操作精度：在某些情况下，如果车体的当前位置和角度与目标物体位置的相对关系不佳，需要对车体进行微调，确保机械臂在最佳姿态下抓取。如果微调车体能够大幅度提高抓取精度，则应优先考虑移动车体。

（3）障碍物情况：如果车体继续移动可能会接近或碰到障碍物（如货架或其他物体），则应优先移动机械臂来避免碰撞。

（4）能量与时间消耗：移动车体通常比移动机械臂耗费更多的能量和时间。因此，在能达到抓取要求的情况下，优先移动机械臂以减少任务完成时间和能量消耗。

（5）任务连续性：如果抓取物体后需要立即将其搬运到另一个位置，车体可能需要提前调整位置以优化后续的路径和时间。这种情况下，移动车体可能优于移动机械臂。

4. 状态的实时评估

为了实现最优决策，车体和机械臂在接近目标物体时需要实时评估当前状态，步骤如下。

（1）数据融合与分析：系统整合来自车体和机械臂的传感器数据，分析车体的当前位置、姿态，机械臂的工作空间，以及物体的精确位置。

（2）路径与抓取策略评估。

模拟与计算：通过仿真和计算，评估如果进一步移动车体或仅移动机械臂，各种可能的抓取路径的可行性和效果。考虑到车体移动的可能性、机械臂的操作范围以及环境中的潜在障碍物，系统会对不同操作方案进行模拟。

选择最优方案：根据能量消耗、时间效率、操作精度等多个指标，系统选择最优方案。如果机械臂能够在当前车体位置下顺利抓取物体，则选择移动机械臂；如果车体位置略有偏差，微调车体位置可能是更优选择。

（3）实时调整与决策：在执行过程中，车体和机械臂需要持续反馈并调整。如果车体移动过程中检测到新的障碍物或机械臂抓取时发现物体偏移，系统可以重新规划并调整操作策略。

（4）冗余策略与容错机制：如果第一次决策导致抓取失败，系统需要有应急方案，如调整车体位置并重新尝试抓取。这种冗余策略可以提高任务的鲁棒性和成功率。

在抓取任务中，车体和机械臂通过密切协作，共同完成物体的抓取和搬运。在接近目标物体时，系统需要综合考虑操作空间、精度要求、环境条件以及时间和能量消耗等因素，决定是进一步移动车体还是优先移动机械臂。通过实时的数据融合、仿真分析和动态决策，车臂一体机器人可以做出最优选择，确保任务的高效、精准完成。

11.3　习　　题

1. 简述多机器人的研究内容。
2. 举出一个多机器人位置标定系统案例。
3. 举出一个多机器人决策融合系统案例。
4. 举出一个生活场景的多机器人系统案例。

参考文献

1. 约翰 J. 克雷格. 机器人学导论（原书第 4 版）[M]. 负超，译. 北京：机械工业出版社，2018.
2. 毕盛，高英，董敏. 智能系统及其应用[M]. 北京：清华大学出版社，2022.
3. 凯文 M. 林奇，朴钟宇. 现代机器人学：机构、规划与控制[M]. 于靖军，贾振中，译. 北京：机械工业出版社，2020.
4. 阿朗佐·凯利. 移动机器人学：数学基础、模型构建及实现方法[M]. 王巍，崔维娜，等，译. 北京：机械工业出版社，2020.